大数据技术在网络安全中的应用与研究

胡明星　著

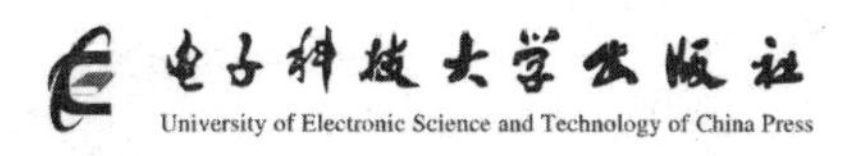

· 成都 ·

图书在版编目(CIP)数据

大数据技术在网络安全中的应用与研究/胡明星著
.--成都:电子科技大学出版社,2023.12
ISBN 978-7-5770-0602-4

Ⅰ.①大… Ⅱ.①胡… Ⅲ.①计算机网络-网络安全
-研究 Ⅳ.①TP393.08

中国国家版本馆 CIP 数据核字(2023)第 192213 号

大数据技术在网络安全中的应用与研究
DASHUJU JISHU ZAI WANGLUO ANQUAN ZHONG DE YINGYONG YU YANJIU
胡明星　著

策划编辑　刘　凡
责任编辑　刘　凡

出版发行　电子科技大学出版社
　　　　　成都市一环路东一段 159 号电子信息产业大厦九楼　　邮编 610051
主　　页　www.uestcp.com.cn
服务电话　028-83203399
邮购电话　028-83201495

印　　刷　成都市火炬印务有限公司
成品尺寸　170mm×240mm
印　　张　12
字　　数　214 千字
版　　次　2024 年 6 月第 1 版
印　　次　2024 年 6 月第 1 次印刷
书　　号　ISBN 978-7-5770-0602-4
定　　价　49.00 元

前　言

随着大数据时代的到来，数据已然成为新的生产资料。大数据正日益对全球生产、流通、分配、消费活动、经济运行机制、社会生活方式以及国家治理能力产生重要影响。短短数年，大数据的思想及其应用已经触及人们日常生活的方方面面，与大数据相互依存的云计算技术、物联网、智慧城市等新的应用模式同时印证了其在信息化时代的重要地位。对国家而言，对数据的掌握和利用已经成为重塑国家竞争优势、完善国家公共治理体系的关键，政府可以利用其降低统筹管理成本，提高管理效率；对企业而言，数据驱动的创新应用成为企业全生产链条升级发展的全新模式，数据正在成为社会生产的新主导要素，企业可以利用其优化自身资源，提高效益；对于个人而言，大数据则可以用来提升生活质量。

本书从大数据技术的基础理论入手，对当前网络安全的重要性、网络安全内容及安全要素、网络安全技术作了进一步的分析。接着对数据库与数据安全技术、数据挖掘与安全隐私、云存储安全等相关内容进行了总结与分析。随后论述了公共安全大数据的采集技术与处理技术，阐明了公共安全大数据分析与挖掘的方式、主要途径等内容。最后对网络的攻击行为与防范作了介绍，本书对大数据技术在此方面的应用进行了研究，希望可以为网络信息安全保障提供借鉴。

本书在撰写过程中作者参考了国内外很多相关领域的学者的著作、论文等资料以及相关领域的科研成果，在此对相关作者表示诚挚的谢意。由于作者水平有限，书中难免有不足之处，恳请有关专家、学者及其他读者朋友批评指正。

目　录

第一章　大数据技术的基础认知 …… 1

第一节　数据平台系统的构建 …… 1

第二节　大数据技术框架 …… 6

第三节　大数据安全问题 …… 15

第二章　网络安全与相关技术 …… 19

第一节　网络安全的相关认知 …… 19

第二节　网络安全技术 …… 25

第三章　数据库与数据安全技术 …… 31

第一节　数据库安全概述 …… 31

第二节　数据库的安全特性 …… 34

第三节　数据库的安全保护 …… 41

第四节　数据的完整性 …… 46

第五节　数据备份和恢复 …… 49

第六节　网络备份系统 …… 52

第七节　数据容灾 …… 55

第四章　数据挖掘的发展趋势和安全隐私 …… 63

第一节　挖掘复杂的数据类型 …… 63

第二节　数据挖掘的其他方法 …… 73

第三节　数据挖掘与社会的影响 …… 75

第四节　大数据的隐私安全 …… 79

第五章　大数据时代的云存储安全 …… 83
第一节　大数据带来的数据存储挑战 …… 83
第二节　大数据环境下的云存储安全 …… 85
第三节　基于 NoSQL 的大数据云存储 …… 90
第四节　基于区块链的大数据云存储 …… 95
第五节　云存储技术的发展应用趋势分析 …… 99

第六章　公共安全大数据采集与处理技术 …… 101
第一节　数据采集对象与方法 …… 101
第二节　数据采集通用技术 …… 102
第三节　数据采集业务应用 …… 110
第四节　公共安全大数据的数据类型 …… 111
第五节　通用大数据处理技术 …… 117

第七章　公共安全大数据分析与挖掘 …… 127
第一节　公共安全大数据分析挖掘分类 …… 127
第二节　公共安全大数据分析挖掘技术 …… 128
第三节　视频数据智能分析挖掘 …… 141
第四节　警务数据智能分析挖掘 …… 149
第五节　人证合一数据分析挖掘 …… 153

第八章　网络的攻击行为和防范 …… 159
第一节　网络攻击与防范的方法 …… 159
第二节　网络攻击与防范模型 …… 164
第三节　网络攻击身份欺骗 …… 167
第四节　网络攻击行为隐藏 …… 172
第五节　网络攻击的技术分析 …… 177

参考文献 …… 185

第一章　大数据技术的基础认知

第一节　数据平台系统的构建

一、数据存储和计算

(一)常规数据仓库

常规数据仓库的重点在于数据整合,同时也是对业务逻辑的一个梳理。虽然也可以打包成Saas(多维数据集)、Cube(多维数据库)等来提升数据的读取性能,但是数据仓库的作用更多的是解决企业的业务问题。

(二)MPP(大规模并行处理)架构

传统的数据库模式在海量数据面前显得很弱。造价非常昂贵,同时技术上无法满足高性能的计算,其架构难以扩展,在独立主机的CPU计算和iO吞吐上,都没办法满足海量数据计算的需求。分布式存储和分布式计算正是解决这一问题的关键,无论是MapReduce计算框架(Hadoop)还是MPP计算框架,都是在这一背景下产生的。

Greenplum是基于MPP架构的,它的数据库引擎是基于PostgreSQL的,并且通过Interconnnect连接实现了对同一个集群中多个PostgreSQL实例的高效协同和并行计算。同时,基于Greenpkm的数据平台建设可以实现两个层面的处理:一个是对数据处理性能的提升,目前Greenpkm处理100TB级左右的数据量是非常轻松的;另一个是数据仓库可以搭建在Gremplum中,这一层面也是对业务逻辑的梳理,对公司业务数据的整合。

(三)Hadoop分布式系统架构

Hadoop有着高可靠性、高扩展性、高效性、高容错性的口碑,在互联网领域运用非常广泛。Hadoop生态体系非常庞大,各公司基于Hadoop所实现的也不仅限于数据平台,还包括数据分析、机器学习、数据挖掘、实时系统等。

当企业数据规模达到一定的量级时,Hadoop应该是各大企业的首选方案。到达这样一个层次的时候,企业所要解决的不仅是性能问题,还包括时效问题、更复杂的分析挖掘功能的实现等。非常典型的实时计算体系也与 Hadoop 这一生态体系有着紧密的联系，近些年来，Hadoop 的易用性也有了很大的提升，SQL－on－Hadoop 技术大量涌现，包括 Hive、Impala、SparkSQL 等。尽管其处理方式不同，但相比于原始的 MapReduce 模式，无论是性能还是易用性都有所提高，因此，对 MPP 产品的市场产生了压力。

对于企业构建数据平台来说，Hadoop 的优势与劣势非常明显：优势是它的大数据处理能力强、可靠性高、容错性高以及成本低（处理同样规模的数据，换其他方案试试就知道了），并具有开源性；劣势是它的体系复杂，技术门槛较高（能搞定 Hadoop 的公司规模一般都不小）。

关于 Hadoop 的优缺点，对于公司的数据平台选型来说，影响已经不大了。需要使用 Hadoop 的时候，也没什么其他的方案可选择（要么太贵，要么不行），没达到这个数据量的时候，也没人愿意碰它。总之，不要为了大数据而大数据。

Hadoop 生态圈提供海量数据的存储和计算平台，包括以下几种。

①结构化数据：海量数据的查询、统计、更新等操作。

②非结构化数据：图片、视频、Word、PDF、PPT 等文件的存储和查询。

③半结构化数据：要么转换为结构化数据存储，要么按照非结构化存储。

Hadoop 的解决方案如下。

①存储：HDFS、HBase、Hive 等。

②并行计算：MapReduce 技术。

③流计算：Storm、Spark。

如何选择基础数据平台？至少应从以下几个方面去考虑。

①目的：从业务、系统、性能三种视角去考虑，或者是其中几个的组合。当然，要明确数据平台建设的目的有时并不容易，初衷与讨论后确认的目标或许是不一致的。比如，某企业要搭建一个数据平台的初衷可能很简单，只是为了减轻业务系统的压力，将数据拉出来后再分析，如果目的真的这么单纯，而且只有一个独立的系统，那么直接将业务系统的数据库复制一份就好了，不需要建立数据平台；如果是多系统，选择一些商业数据产品也够了，快速建模，直接用工具就能实现数据的可视化与 OLAP 分析。

②数据量：根据公司的数据规模选择合适的方案。

③成本：包括时间成本和金钱成本。

在方案选型时，企业选择数据平台的方案有着不同的原因，要合理地选型，既要充分地考虑搭建数据平台的目的，也要对各种方案有着充分的认识。对于数据层面来说，还是倾向于一些灵活性很强的方案，因为数据中心对于企业来说太重要了，更希望它是透明的，是可以被自己完全掌控和充分利用的。

二、数据管理

数据管理和数据治理有很多地方是互相重叠的，它们都围绕数据这个领域展开，因此这两个术语经常被混为一谈。此外，每当人们提起数据管理和数据治理的时候，还有一对类似的术语叫信息管理和信息治理，更混淆了人们对它们的理解。关于企业信息管理这个课题，还有许多相关的子集，包括主数据管理、元数据管理、数据生命周期管理等。于是，出现了许多不同的理论描述关于企业中数据/信息的管理以及治理如何运作：它们如何单独运作，又如何一起协同工作，是“自下而上”还是“自上而下”的方法更高效？

（一）数据治理

其实，数据管理包含数据治理，治理是整体数据管理的一部分，这个概念目前已经得到了业界的广泛认同。数据管理包含多个不同的领域，其中一个最显著的领域就是数据治理。CMMI 协会颁布的数据管理成熟度（DMM）模型使这个概念具体化。DMM 模型中包括六个有效数据管理分类，而其中一个就是数据治理。数据管理协会（DAMA）在数据管理知识体系（DMBOK）中也认为，数据治理是数据管理的一部分。在企业信息管理（EIM）这个定义上，Gartner 认为 EIM 是“在组织和技术的边界上结构化、描述、治理信息资产的一个综合学科”。Gartner 这个定义不仅强调了数据/信息管理和治理的紧密关系，也重申了数据管理包含治理这个观点。

在明确数据治理是数据管理的一部分之后，下一个问题就是定义数据管理。数据管理是一个更为广泛的定义，它与任何时间采集和应用数据的可重复流程的方方面面都紧密相关。例如，简单地建立和规划一个数据平台是数据管理层面的工作。定义以及如何访问这个数据平台，并且实施各种各样针对元数据和资源库管理工作的标准，也是数据管理层面的工作。

（二）数据建模

数据建模是另一个数据管理中的关键领域。利用一个规范化的数据建模有利于将数据管理工作扩展到其他业务部门。遵从一致性的数据建模，令数据标准变得有价值（特别是应用于大数据和人工智能）。利用数据建模技术直接关联不同的数据管理领域，例如数据血缘关系以及数据质量。当需要合并非结构化数据时，数据建模将会更有价值。此外，数据建模加强了管理的结构和形式。

数据管理在 DMM 中有五个类型，包括数据管理战略、数据质量、数据操作（生命周期管理）、平台与架构（例如集成和架构标准）以及支持流程。数据管理本身着重提供一整套工具和方法，确保企业实际管理好这些数据。首先是数据标准，有了标准才有数据质量，质量是数据满足业务需求使用的程度。有了标准之后，能够衡量数据，可以在整个平台的每一层做技术上的校验或者业务上的校验，可以做到自动化的配置和相应的校验，生成报告来帮助人们解决问题。有了数据标准，就可以建立数据模型了。数据模型至少包括数据元(属性)定义、数据类(对象)定义、主数据管理。

大数据给现有数据库管理技术带来了很多挑战。同样，在传统数据库上，创建大数据的数据模型可能会面临很多挑战。经典数据库技术既没有考虑数据的多类别(Variety)，也没有考虑非结构化数据的存储问题。一般而言，借助数据建模也可以在传统数据库上创建多类别的数据模型，或直接在 HBase 等大数据库系统上创建。

数据模型是分层次的，主要分为三层，基础模型一般用于关系建模，主要实现数据的标准化；融合模型一般用于维度建模，主要实现跨越数据的整合，整合的形式可以是汇总、关联，也包括解析；挖掘模型其实是偏应用的，但如果用的人多了，你也可以把挖掘模型作为企业的知识沉淀到平台，比如某个模型具有很大的共性，就应该把它规整到平台模型，以便开放给其他人使用，这是相对的，没有绝对的标准。

三、数据安全管控

安全保障体系架构包括安全技术体系和安全管理体系。安全技术体系采取技术手段、策略、组织和运作体系紧密结合的方式，从应用、数据、主机、网络、物理等方面进行信息安全建设。

①应用安全。应用安全可从身份鉴别、访问控制、安全审计、剩余信息保护、通信完整性、通信保密性、抗抵赖、软件容错、资源控制、代码安全等方面进行考虑。

②数据安全。数据安全可从数据属性、空间数据、数据完整性、数据敏感性、数据备份和恢复等方面进行考虑。

③主机安全。主机安全可从身份鉴别、访问控制、安全审计、剩余信息保护、入侵防范、恶意代码防范、资源控制等方面进行考虑。

④网络安全。网络安全可从结构安全、访问控制、安全审计、边界完整性检查、入侵防范、恶意代码防范和网络设备防护等方面进行考虑。

⑤物理安全。物理安全是指机房物理环境达到国家信息系统安全和信息安全相关规定的要求。

安全管理体系建设具体包括安全管理制度、安全管理机构、人员安全管理、系统建设管理、系统运维管理等方面的建设。

数据安全管控是整个安全体系框架的一个组成部分，它是从属性数据、空间数据、数据完整性、数据保密性、数据备份和恢复等几方面考虑的。对于一些敏感数据，数据的传输与存储采用不对称加密算法和不可逆加密算法确保数据的安全性、完整性和不可篡改性。对于敏感性极高的空间数据，坐标信息通过坐标偏移、数据加密算法及空间数据分存等方法进行处理。在数据的传输、存储、处理的过程中，使用事务传输机制对数据完整性进行保证，使用数据质量管理工具对数据完整性进行校验，在监测到完整性错误时进行告警，并采用必要的恢复措施。数据的安全机制应至少包含以下四个部分。

①身份/访问控制。通过用户认证与授权实现，在授权合法用户进入系统访问数据的同时，保护其免受非授权的访问。在安全管控平台实施集中的用户身份、访问、认证、审计、审查管理，通过动态密码、CA 证书等设置认证。

②数据加密。在数据传输的过程中，采用对称密钥或 VPN 隧道等方式进行数据加密，再通过网络进行传输。在数据存储上，对敏感数据先加密后存储。

③网络隔离。通过内外网方式保障敏感数据的安全性，即数据传输采用公网，存储采用内网。

④设备管理。通过数据镜像、数据备份、分布式存储等方式实现，保障数据安全。

四、数据整合

数据整合是对导入的各类源数据进行整合，新进入的源数据匹配到平台上的标准数据，或者成为系统中新的标准数据。数据整合工具对数据关联关系进行设置。经过整合的源数据实现了基本信息的唯一性，同时又保留了与原始数据的关联性。具体功能包括关键字匹配、自动匹配、新增标准数据和匹配质量校验四个模块。有时，需要对标准数据列表中的重复数据进行合并，在合并时保留一个标准源。对一些拥有上下级关联的数据，对它们的关联关系进行管理设置。

数据质量校验包括数据导入质量校验和数据整合质量校验两个部分，数据导入质量校验的工作过程是通过对原始数据与平台数据从数量一致性、重点字段一致性等方面进行校验，保证数据从源库导入平台前后的一致性；数据整合质量校验的工作是对经过整合匹配后的数据进行质量校验，保证匹配数据的准确性，比如通过 SQL 脚本进行完整性校验。

数据整合往往涉及多个整合流程，所以数据平台一般具有 BPM 引擎，能够对整合流程进行配置、执行和监控。

五、数据服务

将数据模型按照应用要求做了服务封装，就构成了数据服务，这个跟业务系统中的服务概念是完全相同的，只是数据封装比一般的功能封装要难一点。随着企业大数据运营的深入，各类大数据应用层出不穷，对于数据服务的需求非常迫切。大数据如果不服务化，就无法规模化，比如某移动运营商封装了客户洞察、位置洞察、营销管理、终端洞察、金融征信等各种服务共计几百个，每月调用量超过亿次，灵活地满足了内外大数据服务的要求。

数据服务往往需要运行在企业服务总线（Enterprise Service Bus，ESB）之上。ESB 基于 SOA 构建，完成数据服务的释放、监控、统计和审计。除了直接访问数据的服务之外，数据服务还可能包括数据处理服务、数据统计和分析服务（比如 TopN 排行榜）、数据挖掘服务（比如关联规则分析、分类、聚类）和预测服务（比如预测模型和机器学习后的结果数据）。有时，算法服务也属于数据服务的一种类型。

六、数据开发

有了数据模型和数据服务还是远远不够的，因为再好的现成数据和服务也往往无法满足前端个性化的要求，数据平台的最后一层就是数据开发，其按照开发难度也分为三个层次，最简单的是提供标签库，比如，用户可以基于标签的组装快速形成营销客户群，一般面向业务人员；其次是提供数据开发平台，用户可以基于该平台访问所有的数据并进行可视化开发，一般面向 SQL 开发人员；最后就是提供应用环境和组件，比如页面组件、可视化组件等，让技术人员可以自主打造个性化数据产品，以上层层递进，满足不同层次人员的要求。

第二节　大数据技术框架

一、数据技术的演进

大数据技术可以分成两个大的层面，即大数据平台技术与大数据应用技术。要使用大数据，必须先有计算能力，大数据平台技术包括数据的采集、存储、流转、加工所需要的底层技术，如 Hadoop 生态圈。大数据应用技术是指对数据进行加工，把数据转化成商业价值的技术，如算法以及由算法衍生出来的模型、引擎、接口、产品等。这些数据加工的底层平台包括平台层的工具以及平台上运行的算法，也可以沉淀到一个大数据的生态市场中，避免重复的研发，大大地提高了大数据的处理效率。

大数据首先需要有数据，数据首先要解决采集与存储的问题。数据采集与存储技术随着数据量的爆发与大数据业务的飞速发展，也在不停地进化。在大数据的早期，或者很多企业的发展初期，只有关系型数据库用来存储核心业务数据，即使是数据仓库，也是集中型 OLAP 关系型数据库。一旦出现独立的数据仓库，就会涉及 ETL，如数据抽取、数据清洗、数据校验、数据导入，甚至是数据安全脱敏。如果数据来源仅仅是业务数据库，ETL 还不会很复杂，如果数据的来源是多方的，比如日志数据、App 数据、爬虫数据、购买的数据、整合的数据等，ETL 就会变得很复杂，数据清洗与校验的任务就会变得很重要。由此可见，数据标准与 ETL 中的数据清洗、数据校验是非常重要的。

随着数据的来源变多，数据的使用者变多，整个大数据流转就变成了一个非常复杂的网状拓扑结构。在这个网络中，每个人都在导入数据、清洗数据，同时每个人也都在使用数据，但是谁都不相信对方导入和清洗的数据，就会导致重复数据越来越多，数据任务越来越多，任务的关系也越来越复杂。要解决这样的问题，必须引入数据管理，也就是针对大数据的管理，比如元数据标准、公共数据服务层（可信数据层）、数据使用信息披露等。

随着数据量的持续增长，集中式的关系型 OLAP 数据仓库已经不能解决企业的问题，这个时候就出现了基于 MPP 的专业级数据仓库处理软件，如 Greenplum。Greenplum 采用 MPP 方式处理数据，可以处理的数据更多更快，但是本质上还是数据库的技术。Greenplum 支持 100 台机器左右的规模，可以处理帕字节（PB）级别的数据量。Greenplum 的产品是基于流行的 Postgre SQL 开发的，几乎所有的 PostgreSQL 客户端工具及 PostgreSQL 应用都能运行在 Greenplum 平台上，在 Internet 上有着丰富的 Postgre SQL 资源供用户参考。

随着数据量的持续增加，比如每天需要处理 100 PB 以上的数据，每天有 100 万以上的大数据任务，使用以上解决方案都没有办法解决了，这个时候就出现了一些更大的基于 M/R 分布式的解决方案，如大数据技术生态体系中的 Hadoop、Spark 和 Storm。它们是目前最重要的三大分布式计算系统，Hadoop 常用于离线的、复杂的大数据处理，Spark 常用于离线的、快速的大数据处理，而 Storm 常用于在线的、实时的大数据处理。

二、分布式计算系统概述

Hadoop 是一个由 Apache 基金会所开发的分布式系统基础架构。Hadoop 框架最核心的设计是 HDFS 和 MapReduce。HDFS 为海量的数据提供了存储，而 MapReduce 为海量的数据提供了计算。Hadoop 作为一个基础框架，上面也可以承载很多其他东西，比如 Hive，不想用程序语言开发 MapReduce 的人、熟悉 SQL 的人可以使用 Hive 离线进行数据处理与分析工作。比如 HBase，作为面向列的数据库运行在 HDFS 之上，HDFS 缺乏随机读写操作，HBase 正是为此而出现的，HBase 是一个分布式的、面向列的开源数据库。

Spark 也是 Apache 基金会的开源项目，它由加州大学伯克利分校的实验室开发，是另一种重要的分布式计算系统。Spark 与 Hadoop 最大的不同点在于 Hadoop 使用硬盘存储数据，而 Spark 使用内存来存储数据，因此 Spark 可以提供超过 Hadoop100 倍的运算速度。

Storm 是 Twitter 主推的分布式计算系统，是 Apache 基金会的孵化项目。它在 Hadoop 的基础上提供了实时运算的特性，可以实时地处理大数据流。不同于 Hadoop 和 Spark，Storm 不进行数据的收集和存储工作，它直接通过网络实时地接收数据并且实时地处理数据，然后直接通过网络实时传回结果。Storm 擅长处理实时流式数据。比如日志、网站购物的点击流是源源不断、按顺序、没有终结的，所有通过 Kafka 等消息队列传来数据后，Storm 就开始工作。Storm 自己不收集数据也不存储数据，随来随处理输出结果。

上面的三个系统只是大规模分布式计算底层的通用框架，通常也用计算引擎来描述它们。除了计算引擎外，想要做数据的加工应用，还需要一些平台工具，如开发 IDE、作业调度系统、数据同步工具、BI 模块、数据管理、监控报警等，它们与计算引擎一起构成大数据的基础平台。在这个平台上，人们可以做大数据的加工应用，开发数据应用产品。比如一个餐厅，为了做中餐、西餐、日料、西班牙菜，必须有食材（数据），配合不同的厨具（大数据底层计算引擎），加上不同的佐料（加工工具），才能做出不同类型的菜系。但是为了接待大批量的客人，还必须配备更大的厨房空间、更强的厨具、更多的厨师（分布式）。做的菜到底好吃不好吃，这又得看厨师的水平（大数据加工应用能力）。

三、Hadoop

Hadoop 由 Apache 基金会开发。它受到谷歌开发的 Map/Reduce 和 Google

File System(GFS)的启发。可以说 Hadoop 是谷歌的 MapReduce 和 Google File System 的开源简化版本。

Hadoop 是一个分布式系统的基础架构。Hadoop 提供一个分布式文件系统架构(Hadoop Distributed File System,HDFS)。HDFS 有着高容错性的特点,并且设计用来部署在相对低成本的 x86 服务器上。而且它提供高传输率来访问应用程序的数据,适合有着超大数据集的应用程序。

Hadoop 的 MapReduce 是一个能够对大量数据进行分布式处理的软件开发框架,是一个能够让用户轻松架构和使用的分布式计算平台。用户可以轻松地在 Hadoop 上开发和运行处理海量数据的应用程序。它主要有高可靠性、高扩展性、高效性、高容错性和高性价比五个优点。

(一)拓扑架构

Hadoop 由许多元素构成。其最底层是 HDFS,用于存储 Hadoop 集群中所有存储节点上的文件。HDFS 的上一层是 MapReduce 分布式计算框架,该引擎由 JobTrackers 和 TaskTrackers 组成。HBase 利用 Hadoop HDFS 作为其文件存储系统,利用 Hadoop MapReduce 来处理 HBase 中的海量数据,利用 ZooKeeper 作为协同服务。

1. HDFS

在 Hadoop 中,所有数据都被存储在 HDFS 上,而 HDFS 由一个管理节点(NameNode)和 N 个数据节点(DataNode)组成,每个节点均为一台普通的 x86 服务器。HDFS 在使用上与单机的文件系统很类似,一样可以建立目录,创建、复制和删除文件,查看文件内容等。但底层实现是把文件切割成 Block(通常为 64MB),这些 Block 分散存储在不同的 DataNode 上,每个 Block 还可以复制数份存储于不同的 DataNode 上,达到容错冗余的目的。NameNode 是 HDFS 的核心,通过维护一些数据结构记录每个文件被切割成多少个 Block,以及这些 Block 可以从哪些 MaNode 中获得、各个 DataNode 的状态等重要信息。

HDFS 可以保存比一个机器的可用存储空间更大的文件,这是因为 HDFS 是一套具备可扩展能力的存储平台,能够将数据分发至成千上万个分布式节点及低成本服务器之上,并让这些硬件设备以并行方式共同处理同一任务。

2. 分布式计算框架(MapReduce)

MapReduce 通过把对数据集的大规模操作分发给网络上的每个节点实现可靠性。MapReduce 实现了大规模的计算:应用程序被分割成许多小部分,而每个部分在集群中的节点上并行执行(每个节点处理自己的数据)。

总之，Hadoop 是一种分布式系统的平台，通过它可以很轻松地搭建一个高效、高质量的分布式系统。Hadoop 的分布式包括两部分：一个是分布式文件系统 HDFS；另一个是分布式计算框架，一种编程模型，就是 MapReduce，两者缺一不可。用户可以通过 MapReduce 在 Hadoop 平台上进行分布式的计算编程。

3. 基于 Hadoop 的应用生态系统

Hadoop 框架包括 Hadoop 内核、MapReduce、HDFS 和 Hadoop YARN 等。Hadoop 也是一个生态系统，在这里面有很多组件，除了 HDFS 和 MapReduce 外，还有 NoSQL 数据库的 HBase、数据仓库工具 Hive、Pig 工作流语言、机器学习算法库 Mahout、在分布式系统中扮演重要角色的 ZooKeeper、内存计算框架的 Spark、数据采集的 Flume 和 Kafka。总之，用户可以在 Hadoop 平台上开发和部署任何大数据应用程序。

HBase 是 Hadoop Database，是一个高可靠性、高性能、面向列、可伸缩的分布式存储系统，利用 HBase 技术可在高性价比的 x86 服务器上搭建起大规模的结构化存储集群。HBase 是 Google Bigtable 的开源实现，类似 Google Bigtable 利用 GFS 作为其文件存储系统，HBase 利用 Hadoop HDFS 作为其文件存储系统；谷歌运行 MapReduce 来处理 Bigtable 中的海量数据，HBase 同样利用 Hadoop MapReduce 来处理 HBase 中的海量数据；Google Bigtable 利用 Chubby 作为协同服务，HBase 利用 ZooKeeper 作为对应。

Hadoop 应用生态系统的各层系统中，HBase 位于结构化存储层，Hadoop HDFS 为 HBase 提供了高可靠性的底层存储支持，Hadoop MapReduce 为 HBase 提供了高性能的计算框架，ZooKeeper 为 HBase 提供了稳定服务和 Failover 机制。

此外，Pig 和 Hive 还为 HBase 提供了高层语言支持，使得在 HBase 上进行数据统计处理变得非常简单。Sqoop 则为 HBase 提供了方便的 RDBMS 数据导入功能，使得传统数据库数据向 HBase 中迁移变得非常方便。

(二)行业应用

数据处理模式会发生变化，不再是传统的针对每个事务从众多源系统中拉数据，而是由源系统将数据推至 HDFS，ETL 引擎处理数据，然后保存结果。结果可以用 Hadoop 分析，也可以提交到传统报表和分析工具中分析。经证实，使用 Hadoop 存储和处理结构化数据可以减少 10 倍的成本，并可以提升 4 倍处理速度。以金融行业为例，Hadoop 有以下几个方面可以对用户的应用有帮助。

①涉及的应用领域：内容管理平台。海量低价值密度的数据存储，可以实现像结构化、半结构化、非结构化数据存储。

②涉及的应用领域：风险管理、反洗钱系统等。利用 Hadoop 做海量数据的查询系统或者离线的查询系统。比如用户交易记录的查询，甚至是一些离线分析都可以在 Hadoop 上完成。

③涉及的应用领域：用户行为分析及组合式推销。用户行为分析与复杂事务处理提供相应的支撑，比如基于用户位置的变化进行广告投送，进行精准广告的推送，都可以通过 Hadoop 数据库的海量数据分析功能来完成。

四、Spark

随着大数据的发展，人们对大数据的处理要求也越来越高，原有的批处理框架 MapReduce 适合离线计算，却无法满足实时性要求较高的业务，如实时推荐、用户行为分析等。因此，Hadoop 生态系统又发展出以 Spark 为代表的新计算框架。相比 MapReduce，Spark 速度快，开发简单，并且能够同时兼顾批处理和实时数据分析。

Apache Spark 是加州大学伯克利分校的 AMPLabs 开发的开源分布式轻量级通用计算框架，于 2014 年 2 月成为 Apache 的顶级项目。由于 Spark 基于内存设计，使得它拥有比 Hadoop 更高的性能，并且对多语言（Scala、Java、Python）提供支持。Spark 有点类似 Hadoop MapReduce 框架。Spark 拥有 Hadoop MapReduce 所具有的优点，但不同于 MapReduce 的是，Job 中间输出的结果可以保存在内存中，从而不再需要读写 HDFS（MapReduce 的中间结果要放在文件系统上），因此，在性能上，Spark 比 MapReduce 框架快 100 倍左右，排序 100TB 的数据只需要 20 分钟左右。正是因为 Spark 主要在内存中执行，所以 Spark 对内存的要求非常高，一个节点通常需要配置 24GB 的内存。在业界，人们有时把 MapReduce 称为批处理计算框架，把 Spark 称为实时计算框架、内存计算框架或流式计算框架。

Hadoop 使用数据复制来实现容错性（I/O 高），而 Spark 使用 RDD（Resilient Distributed Datasets，弹性分布式数据集）数据存储模型来实现数据的容错性。RDD 是只读的、分区记录的集合。如果一个 RDD 的一个分区丢失，RDD 含有如何重建这个分区的相关信息。这就避免了使用数据复制来保证容错性的要求，从而减少了对磁盘的访问。通过 RDD，后续步骤如果需要相同数据集，就不必重新计算或从磁盘加载，这个特性使得 Spark 非常适合流水线式的数据处理。

虽然 Spark 可以独立于 Hadoop 运行，但是 Spark 还是需要一个集群管理器和一个分布式存储系统。对于集群管理，Spark 支持 Hadoop YARN、Apache Mesos 和 Spark 原生集群。对于分布式存储，Spark 可以使用 HDFS、Cassandra、Open-

Stack Swift 和 Amazon S3 等分布式存储系统对接。Spark 支持 Java、Python 和 Scala(Scala 是 Spark 最推荐的编程语言,Spark 和 Scala 能够紧密集成,Scala 程序可以在 Spark 控制台上执行)。应该说,Spark 紧密集成 Hadoop 生态系统中的上述工具。Spark 可以与 Hadoop 上的常用数据格式(如 Avro 和 Parquet)进行交互,能读写 HBase 等 NoSQL 数据库,它的流处理组件 Spark Streaming 能连续从 Flume 和 Kafka 之类的系统上读取数据,它的 SQL 库 Spark SQL 能和 Hive Metastore 交互。

Spark 可用来构建大型的、低延迟的数据分析应用程序。Spark 包含的库有:SparkSQL、SparkStreaming MLlib(用于机器学习)和 GraphX。其中,SparkSQL 和 SparkStreaming 最受欢迎,大概 60%的用户在使用这两个库中的一个,而且 Spark 还能替代 MapReduce 成为 Hive 的底层执行引擎。

Spark 的内存缓存使它适合进行迭代计算。机器学习算法需要多次遍历训练集,可以将训练集缓存在内存里。在对数据集进行探索时,数据科学家可以在运行查询的时候将数据集放在内存中,这样就节省了访问磁盘的开销。

虽然 Spark 目前被广泛认为是下一代 Hadoop,但是 Spark 本身的复杂性也困扰着开发人员。Spark 的批处理能力仍然比不过 MapReduce,与 Spark SQL 和 Hive 的 SQL 功能相比还有一定的差距,Spark 的统计功能与 R 语言相比还没有可比性。

五、Storm 系统

Storm 是 Twitter 支持开发的一款分布式的、开源的、实时的、主从式的大数据流式计算系统,使用的协议为 Eclipse Public License 1.0,其核心部分使用高效流式计算的函数式语言 Clojure 编写,极大地提高了系统性能。但为了方便用户使用,支持用户使用任意编程语言进行项目的开发。

(一)任务拓扑

任务拓扑(Task Topology)是 Storm 的逻辑单元,一个实时应用的计算任务将被打包为任务拓扑后发布,任务拓扑一旦提交将会一直运行,除非显式地去中止。一个任务拓扑是由一系列 Spout 和 Bolt 构成的有向无环图,通过数据流(Stream)实现 Spout 和 Bolt 之间的关联。其中,Spout 负责从外部数据源不间断地读取数据,并以元组(Tuple)的形式发送给相应的 Bolt。Bolt 负责对接收到的数据流进行计算,实现过滤、聚合、查询等具体功能,可以级联,也可以向外发送数据流。

数据流是 Storm 对数据的抽象,它是时间上无穷的元组序列。数据流通过流分组(Stream Grouping)所提供的不同策略实现在任务拓扑中的流动。此外,为了确保消息能且仅能被计算1次,Storm还提供了事务任务拓扑。

(二)总体架构

Storm采用主从系统架构,在一个Storm系统中有两类节点(一个主节点Nimbus、多个从节点Supervisor)及三种运行环境(Master、Cluster和Slaves)。

①主节点Nimbus运行在Master环境中,是无状态的,负责全局的资源分配、任务调度、状态监控和故障检测。一方面,主节点Nimbus接收客户端提交来的任务,验证后分配任务到从节点Supervisor上,同时把该任务的元信息写入ZooKeeper目录中;另一方面,主节点Nimbus需要通过ZooKeeper实时监控任务的执行情况。当出现故障时进行故障检测,并重启失败地从节点Supervisor和工作进程Worker。

②从节点Supervisor运行在Slaves环境中,也是无状态的,负责监听并接受来自主节点Nimbus所分配的任务,并启动或停止自己所管理的工作进程Worker。其中,工作进程Worker负责具体任务的执行。一个完整的任务拓扑往往由分布在多个从节点Supervisor上的Worker进程来协调执行,每个Worker都执行且仅执行任务拓扑中的一个子集。在每个Worker内部会有多个Executor,每个Executor对应一个线程。Task负责具体数据的计算,即用户所实现的Spout/Blot实例。每个Executor会对应一个或多个Task,因此系统中Executor的数量总是小于等于Task的数量。

ZooKeeper是一个针对大型分布式系统的可靠协调服务和元数据存储系统。通过配置ZooKeeper集群,可以使用ZooKeeper系统所提供的高可靠性服务。IA ZooKeeper,极大地简化了Nimbus、Supervisor、Worker之间的设计,保障了系统的稳定性。

(三)系统特征

Storm系统的主要特征如下。

①简单编程模型。用户只需编写Spout和Bolt部分的实现,因此极大地降低了实时大数据流式计算的复杂性。

②支持多种编程语言。默认支持Clojure、Java、Ruby和Python,也可以通过添加相关协议实现对新增语言的支持。

③作业级容错性。可以保证每个数据流作业被完全执行。

④水平可扩展。计算可以在多个线程、进程和服务器之间并发执行。

⑤快速消息计算。通过ZeroM Q作为其底层消息队列,保证消息能够得到快

速的计算。

Storm 系统存在的不足主要包括:资源分配没有考虑任务拓扑的结构特征,无法适应数据负载的动态变化;采用集中式的作业级容错机制,在一定程度上限制了系统的可扩展性。

六、Kafka 系统

Kafka 是 Linkedin 所支持的一款开源的、分布式的、高吞吐量的发布订阅消息系统,可以有效地处理互联网中活跃的流式数据,如网站的页面浏览量、用户访问频率、访问统计、好友动态等,开发语言是 Scala,可以使用 Java 进行编写。

(一)系统架构

Kafka 消息系统的架构是由发布者、代理和订阅者共同构成的显式分布式架构,它们分别位于不同的节点上。各部分构成一个完整的逻辑组,并对外界提供服务;各部分间通过消息(Message)行数据传输。其中,发布者可以向一个主题(Topic)推送相关消息,订阅者以组为单位可以关注并获取自己感兴趣的消息,通过 ZooKeeper 实现对订阅者和代理的全局状态信息的管理及其负载均衡的实现。

(二)数据存储

Kafka 消息系统通过仅进行数据追加的方式实现对磁盘数据的持久化保存,实现了对大数据的稳定存储,并有效地提高了系统的计算能力,通过采用 Sendfile 系统调用方式优化了网络传输,提高了系统的吞吐量。即使对于普通的硬件,Kafka 消息系统也可以支持每秒数十万的消息处理能力。此外,在 Kafka 消息系统中,通过仅保存订阅者已经计算数据的偏量信息,一方面可以有效地节省数据的存储空间,另一方面也简化了系统的计算方式,方便系统的故障恢复。

(三)消息传输

Kafka 消息系统采用推送、拉取相结合的方式进行消息的传输。其中,当发布者需要传输消息时,会主动地推送该消息到相关的代理节点;当订阅者需要访问数据时,其会从代理节点进行拉取。通常情况下,订阅者可以从代理节点中拉取自己感兴趣的主题消息。

(四)负载均衡

在 Kafka 消息系统中,发布者和代理节点之间没有负载均衡机制,但可以通过专用的第 4 层负载均衡器在 Kafka 代理上实现基于 TCP 连接的负载均衡的调整。订阅者和代理节点之间通过 Zookeeper 实现负载均衡机制,在 Zookeeper 中管理全部活动的订阅者和代理节点信息。当有订阅者和代理节点的状态发生变化时,才实时地进行系统的负载均衡的调整，保障整个系统处于一个良好的均衡状态。

（五）存在不足

Kafka系统存在的不足之处主要包括：只支持部分容错，节点失效转移时会丢失原节点内存中的状态信息；代理节点没有副本机制保护，一旦代理节点出现故障，该代理节点中的数据将不再可用；代理节点不保存订阅者的状态，删除消息时无法判断该消息是否已被阅读。

第三节　大数据安全问题

一、安全问题

在大数据技术飞速发展的今天，数据安全成为最为严峻的问题。

数据被称为新时代的“石油”或“黄金”，成为企业和国家的核心资产，成为企业创新的关键基础，成为国家的重要战略资源。

数据只有流通共享才能促进产业协同发展，优化资源配置，更好地激活生产力。大数据时代的生产过程就是数据采集、数据存储、数据应用和数据共享的过程。这是一个以数据为中心的经济时代，以数据为中心的安全能力至关重要。

（一）数据无处不在

随着信息化的发展，各组织机构的业务被数据化，数据被广泛应用于组织的业务支撑、经营分析与决策、新产品研发、外部合作，数据也不再只是管理者拥有的权利，上至管理者，下至实际业务岗位，都在使用数据。

（二）系统、组织数据边界模糊

组织内部的核心业务系统、内部办公系统、外部协同系统不再是直线结构。数据之间共享程度最大化，使系统间存在大量数据接口。系统以网状分布，互为上下游，每个系统都是其他系统的一部分，同时其他系统也是自身系统的一部分。数据的流通也进一步促进了组织间的协同发展。

（三）数据关联、集合更容易

大数据技术的广泛应用使数据采集与使用更加便利，数据的种类更加丰富，可关联的数据也大大增加。数据运算能力的提升使得数据关联或聚合的效率更高。

（四）数据流动、处理更实时

实时数据处理技术的发展使得数据的流动和处理更加实时，在提升效率的同时也加剧了安全的挑战。

(五)海量数据加密

大量数据的沉淀使敏感数据量越来越大,更使传统的数据加密手段效果越来越差。如何在灵活使用数据的同时还能够高效、安全地保护数据也是急需解决的问题。

(六)数据的交换、交易

数据成为核心生产资料,其价值越来越受到重视。数据交换、交易行为的市场应运而生。如何确保这些行为的安全,进而维护好国家、组织与个人的合法权益是当前面临的巨大挑战。

(七)数据所有者和权利不断转换

目前行业主流的数据相关方有数据主体、数据生产者、数据提供者、数据管理者、数据加工者和数据消费者,数据的使用权利不断转换,而数据的所有者及相关权利的界定至今未能达成一致意见。

二、大数据安全需求

大数据的产生使数据分析与应用更加复杂,难以管理。数据的增多使数据安全和隐私保护问题日渐突出,各类安全事件给企业和用户敲响了警钟。

在大数据时代,业务数据和安全需求相结合才能够有效提高企业的安全防护水平。通过对业务数据的大量搜集、过滤与整合,经过细致的业务分析和关联规则挖掘,企业能够感知自身的网络安全态势,预测业务数据走向。了解业务运营安全情况,这对企业来说具有革命性的意义。

目前,已有一些企业部门开始使用安全基线和网络安全管理设备,如部署 UniNAC 网络准入控制、终端安全管理 UniAccess 系统,用于检测与发现网络中的各种异常行为和安全威胁,从而采取相应的安全措施。

随着对大数据的广泛关注,有关大数据安全的研究和实践也已逐步展开,包括科研机构、政府组织、企事业单位、安全厂商等在内的各方力量,正在积极推动与大数据安全相关的标准制定和产品研发,为大数据的大规模应用奠定更加安全和坚实的基础。

在理解大数据安全内涵、制定相应策略之前,有必要对各领域大数据的安全需求进行全面了解和掌握,以分析大数据环境下的安全特征与问题。

(一)互联网行业

互联网企业在应用大数据时,常会涉及数据安全和用户隐私问题。随着电子商务、手机上网行为的发展,互联网企业受到攻击的情况比以前更为隐蔽。攻击的目的并不仅是让服务器宕机,更多是以渗透 APT 的攻击方式进行。

同时,由于用户隐私和商业机密涉及的技术领域繁多、机理复杂。很难有专家可以贯通法理与专业技术,界定出由于个人隐私和商业机密的传播而产生的损失,也很难界定侵权主体是出于个人目的还是企业行为。所以,互联网企业的大数据安全需求是:可靠的数据存储、安全的挖掘分析、严格的运营监管,呼唤针对用户隐私的安全保护标准、法律法规、行业规范,期待从海量数据中合理发现与发掘商业机会和商业价值。

(二)电信行业

大量数据的产生、存储和分析,使得运营商在数据对外应用和开放过程中面临着数据保密、用户隐私、商业合作等一系列问题。运营商需要利用企业平台、系统和工具实现数据的科学建模,确定或归类这些数据的价值。

由于数据通常散乱在众多系统中,信息来源十分庞杂,因此运营商需要进行有效的数据收集与分析,保障数据的完整性和安全性。在对外合作时,运营商需要能够准确地将外部业务需求转换成实际的数据需求,建立完善的数据对外开放访问控制。

在此过程中,如何有效保护用户隐私,防止企业核心数据泄露成为运营商对外开展大数据应用需要考虑的重要问题。因此,电信运营商的大数据安全需求是确保核心数据与资源的保密性、完整性和可用性,在保障用户利益、体验和隐私的基础上充分发挥数据的价值。

(三)金融行业

金融行业的系统具有相互牵连、使用对象多样化、安全风险多方位、信息可靠性和伪密性要求高等特征,而且金融业对网络的安全性、稳定性要求更高。系统要能够高速处理数据,提供冗余备份和容错功能,具备较好的管理能力和灵活性,以应对复杂的应用。

虽然金融行业一直在数据安全方面追加投资和技术研发,但是金融领域业务链条的拉长、云计算模式的普及、自身系统复杂度的提升以及对数据的不当利用等都增加了金融行业大数据的安全风险。

因此,金融行业的大数据安全需求是对数据访问控制、处理算法、网络安全、数据管理和应用等方面提出安全要求,期望利用大数据安全技术加强金融机构的内部控制,提高金融监管和服务水平,防范和化解金融风险。

(四)医疗行业

随着医疗数据的几何倍数增长,数据存储压力也越来越大。数据存储是否安全可靠，已经关乎医院业务的连续性。因为系统一旦出现故障，首先考验的就是数据的存储、设备和恢复能力。如果数据不能迅速恢复，而且恢复不到断点，就会对医院的业务、患者满意度造成直接损害。

同时，医疗数据具有极强的隐私性，大多数医疗数据拥有者不愿意将数据直接提供给其他单位或个人进行研究利用，而数据处理技术和手段的有限性也造成了宝贵数据资源的浪费。因此，医疗行业对大数据安全的需求是数据隐私性高于安全性和机密性，同时需要安全和可靠的数据存储、完善的数据备份和管理，以帮助医疗机构进行疾病诊断，药物开发，管理决策，完善医院服务，提高病人满意度，降低病人流失率。

三、数据安全实现与方法

（一）设立组织

为了有效保障数据安全政策的落地实施，企业应该设置专职的数据安全团队。此外，还需要设立面向全组织的数据安全委员会，委员会需要有来自业务、数据、安全、法律等多方面、多领域的不同角色参与，形成专业互补和完整的组织，统筹全局的数据安全管理政策，兼顾发展与安全，推进各部门落实数据安全各项政策。数据安全是系统性工程，服务于组织的大数据战略，需要得到组织高层管理者的重视。数据安全委员会负责人应该是组织内的最高管理层。

（二）盘点现状

数据安全的核心是数据，需要对海量数据资产以及数据相关的部门、业务、流程进行盘点，重点梳理数据的种类、数据量、核心的数据内容、数据来源以及数据的安全分级情况和流转。与数据相关的业务主要是指以数据为核心生产要素的业务，这类业务高度依赖数据。

第二章　网络安全与相关技术

第一节　网络安全的相关认知

一、网络安全的重要性

近年来，随着经济全球化的发展，尤其是网络的普及应用，更加方便了信息的共享、交流与获取，对人类社会的经济、文化、科学技术产生了巨大的影响。网络已经成为信息社会必要的基础设施，成为衡量一个国家综合实力的重要标志。

随着社会的发展，通过网络传输、存储和处理的信息量呈几何级速度增长。这些信息涉及的范围非常广泛，包括经济、科学、文化和个人等方面，其中也包括企业生存与发展的经营决策信息以及与个人利益相关的隐私或敏感信息等。因此，网络安全已经成为关系国家安全、经济发展和社会稳定的一个重大课题。

网络安全涉及安全技术、安全管理和相应的安全法律法规等方面。安全技术是基础，安全管理是手段，安全法律法规是保障，它们共同构成网络的安全体系。要提高网络安全性，就必须从这三个方面下手，不断增强安全意识，完善安全技术，制定安全策略，加强安全教育和安全管理，以提高防范安全风险的能力。网络安全是一项长期而重要的任务，应当常抓不懈。

二、网络安全内容及安全要素

(一)网络安全内容

网络安全是指通过各种技术手段和安全管理措施，保护网络系统的硬件、软件和信息资源免于受到各种自然或人为的破坏影响，保证系统连续地正常运行。硬件资源包括计算机、通信设备和通信线路等；软件资源包括维持网络运行的系统软件和应用软件；信息资源包括通过网络传输、交换和存储的各种数据信息。信息安全是网络安全的本质核心，保护信息资源的机密性、完整性和真实性，并对信息的内容及传播有控制能力是网络安全的核心任务。

按照网络安全的机构层次来划分，网络安全可以分为物理安全、运行系统安全和网络信息安全三部分。

1. 物理安全

物理安全即实体安全，是指保护计算机设备、网络设施及其他媒体免遭地震、水灾、火灾、雷击、有害气体和其他环境事故(包括电磁污染等)的破坏以及防止人为的操作失误和各种计算机犯罪导致的破坏等。

物理安全是网络系统安全的基础和前提，是不可缺少的重要环节。只有安全的物理环境，才有可能提供安全的网络环境。物理安全进一步可以分为环境安全、设备安全和媒体安全。环境安全包括计算机系统机房环境安全、区域安全、灾难保护等；设备安全包括设备的防盗、防火、防水、防电磁辐射及泄漏、防线路截获、抗电磁干扰及电源防护等；媒体安全包括媒体本身安全及媒体数据安全等。

2. 运行系统安全

运行系统安全的重点是保证网络系统能够正常运行，避免由于系统崩溃而使系统中正在处理、存储和传输的数据丢失。因此，运行系统安全主要涉及计算机硬件系统安全、软件系统安全、数据库安全、机房环境安全和网络环境安全等内容。

3. 网络信息安全

网络信息安全就是要保证在网络上传输的信息的机密性、完整性和真实性不受侵害，确保经过网络传输、交换和存储的数据不会发生增加、修改、丢失和泄露等。网络信息安全主要涉及安全技术和安全协议设计等内容。通常采用的安全技术措施包括身份认证、访问权限、安全审计、信息加密和数字签名等。另外，网络信息安全还应当包括防止和控制非法信息或不良信息的传播。

(二)网络安全基本要素

网络安全的重点是保证传输信息的安全性，它涉及机密性、完整性和真实性，还包括可靠性、可用性、不可抵赖性、有效性及可控性等，它们共同构成了网络安全的核心要素。

1. 机密性

机密性是要保证在网络上传输的信息不被泄露，防止非法窃取。通常采用信息加密技术防止信息泄露。此外，还可采用防窃听和防辐射等预防措施。

2. 完整性

完整性是指通过多种技术手段防止信息的丢失、伪造、篡改、窃取及破坏等情况发生，保证收发数据的一致性。

3. 真实性

真实性就是指在网络环境中能够对用户身份及信息的真实性进行鉴别，防止伪造情况的发生。

4. 可靠性

可靠性是网络系统安全的基本要求，是要保证网络系统在规定的时间和条件下完成规定的功能。可靠性涉及计算机系统硬件可靠性、计算机系统软件可靠性、网络可靠性、环境可靠性和人员可靠性等内容。

5. 可用性

可用性是指要保证合法用户的权益，保证合法用户及时得到所需资源，其合理要求不会被拒绝。可用性可以通过身份认证、访问控制、数据流控制、审计跟踪等措施予以保证。

6. 不可抵赖性

不可抵赖性是指要保证在网络环境中参与者不能对其曾经的操作或承诺抵赖或否认，防止否认行为。在电子商务应用中该特性十分重要，它是保证电子商务正常开展的基础。不可抵赖性通常采用数字签名、身份认证、数字信封及第三方确认等机制予以保证。

7. 有效性

有效性是指能够对网络故障、误操作、应用程序错误、计算机系统故障、计算机病毒以及恶意攻击等产生的潜在威胁予以控制和防范，在规定的时间和地点能够保证网络系统是有效的。

8. 可控性

可控性是指能够通过访问授权来控制使用资源的人或实体对网络的使用方式，控制网络传播的内容，防止和控制非法信息或不良信息的传播。

三、OSI 网络安全体系结构

为了适应网络安全发展的要求，国际标准化组织 ISO 在开放系统互联参考模型的基础上，于 1984 年提出了涉及开放系统安全性的建议草案，该草案于 1989 年被正式颁布为国际标准 ISO 7498－2，形成了 OSI 安全体系结构（Open System Interconnection）。

OSI 安全体系结构扩充了 OSI 参考模型的内容，定义了安全服务、安全机制和安全管理的功能，并给出了 OSI 参考模型与安全服务和安全机制之间的关系。OSI 安全体系结构为开放系统的安全通信提供了一种概念性、功能性及一致性的途径，对研究和设计安全的计算机网络系统及评价和改进现有系统具有重要的理论意义。

OSI 安全体系结构主要涉及 OSI 安全服务、OSI 安全机制和 OSI 安全管理与安全机制的对应关系等内容。

(一)OSI 安全服务

在 OSI 安全体系结构中首先提出了在开放系统互联的环境下为了保证网络安全所必须提供的安全服务，其次是为实现这些服务而制定的安全机制。

OSI 安全体系结构中定义的安全服务共有六种，分别是对等实体鉴别、访问控制、数据保密、数据完整性、数据源鉴别和防止否认。

1. 对等实体鉴别

对等实体(Peer Entity)是指在开放系统互联环境中相互通信的不同节点的同一层中相互对应的实体。对等实体鉴别服务是在连接的建立阶段和数据传输阶段能够提供对对等实体身份进行鉴别能力的服务，防止通信实体被假冒或伪造。对等实体鉴别服务可以是单向的也可以是双向的，即相互进行身份证明。

2. 访问控制

访问控制(Access Control)服务是控制用户对资源的访问权限，用于防范未经授权的用户非法接入网络或非法使用网络资源。

3. 数据保密

数据保密(Data Confidentiality)服务是为了防止信息被截获或被非法访问而导致泄露所提供的服务，数据保密能够提供的服务类型有以下几点：

①连接保密。对某个连接上的用户数据提供保密。

②无连接保密。对无连接的用户数据报中的数据提供保密。

③选择字段保密。对某个协议数据单元(Protocol Data Unit，PDU)的用户数据中所选择的字段提供保密。

④信息流保密。对有可能通过观察信息流而导出结果的信息提供保密。

4. 数据完整性

数据完整性(Data Integrity)服务是为了防止网络受到主动攻击(如信息丢失、伪造、修改、插入、删除、替换或重放等)、保证收发数据的一致性所提供的服务。具体服务形式有以下几点：

①可恢复的连接完整性。该服务能够保证在一个连接上所有用户数据的完整性，并能够恢复任何数据服务单元(Data Service Unit，DSU)的修改、插入、删除或重放。

②无恢复的连接完整性。该服务除了不具备恢复功能外，其他功能与可恢复的连接完整性服务相同。

③选择字段连接完整性。该服务能够保证在一个连接上传输的选择字段的完整性,并且能够确定选择的字段是否已经被修改、插入、删除或重放。

④无连接完整性。该服务能够保证单一的无连接的数据服务单元 DSU 的完整性,并能够确定收到的数据服务单元是否已经被修改。

⑤选择字段无连接完整性。该服务能够保证单一的无连接的数据服务单元 DSU 中各选择字段的完整性,并能够确定收到的数据服务单元的所选字段是否已经被修改。

5. 数据源鉴别

数据源鉴别(Data Source Authentication)服务是 N 层向 N+1 层提供的用于鉴别数据来源的服务,以保证数据确实来源于与其进行通信的对等 N+1 层实体,防止假冒。

6. 防止否认

防止否认(Non—repudiation)是为了防止在网络环境中参与者对其曾经的操作或承诺进行抵赖或否认所提供的服务,其服务形式包括以下几点:

①不得否认发送。该服务向接收者提供数据来源证据,防止发送者事后否认曾发送过该数据。

②不得否认接收。该服务向发送者提供数据接收证据,防止接收者事后否认曾经接收过该数据。

(二)OSI 安全机制

为了实现 OSI 安全体系结构中提出的各种安全服务,OSI 制定了八种相应的安全机制,以保证各种服务的实现。OSI 安全机制包括加密机制、数字签名机制、访问控制机制、数据完整性机制、交换鉴别机制、信息流填充机制、路由控制机制和公证机制。

1. 加密机制

加密机制是为实现网络信息传输的机密性而制定的。信息加密是网络信息安全中最常用、最基本的安全技术,与其他技术相结合还能够实现信息传输的完整性、真实性、可靠性、可用性、不可抵赖性、有效性及可控性等要求。

2. 数字签名机制

数字签名机制可以用来证实数据来源的真实性,是在网络通信中出现否认、伪造、篡改和冒充等行为现象时用于确认的安全机制。

3. 访问控制机制

访问控制机制是根据实体的身份和相关信息来决定该实体访问权限的一种控

制机制。如果某个实体试图访问非授权的资源,或者非正当地使用授权的资源,那么访问控制机制将拒绝该访问企图,同时会记录并向审计跟踪系统报告。

4. 数据完整性机制

数据完整性机制是用于保证交换数据的一致性的机制。数据完整性有两种形式:一种是数据单元的完整性;另一种是数据单元序列的完整性。数据单元的完整性通常采用报文摘要方式进行验证。数据单元序列的完整性是要求数据编号的连续性和时间标记的正确性,以确认数据的完整性。

5. 交换鉴别机制

交换鉴别机制是实现对等实体鉴别的机制,它以交换信息的方式确认实体的身份。交换鉴别技术主要有口令、密码技术、实体特征等。

6. 信息流填充机制

信息流填充机制是为了防止数据流分析的网络安全威胁而设置的安全机制,即防止通过分析通信线路中的信息流向、流量、流速、频率和长度等获得有用信息或线索。信息流填充机制常采用的方法是,当某些站点无信息传输时仍然连续地发送伪随机数据填充到业务流程中,以保持信息流量的基本恒定,使非法窃听者难以判断信息的真伪。

7. 路由控制机制

路由控制机制主要是解决路由选择的安全性问题的机制。在大型计算机网络中,在信源到信宿之间可能存在多条可以选择的路径,有些路径可能是安全的,而另一些可能是不安全的。路由控制机制要求能够根据要求选择安全路径,以确保信息传输的安全性。

8. 公证机制

公证机制是有第三方参与的数字签名机制。公证机制用于保护在两个或多个实体之间进行信息交换时各实体的安全以及仲裁实体间的纠纷。当实体间进行相互通信时,就可以利用公正的第三方所提供的数字证书、数字签名等来证实参与者身份;当出现纠纷时,也可以通过公证机构进行公证。

除了八种特定的安全机制外,为实现 OSI 安全服务还必须有安全机制可信度评估、安全标志、安全审计、安全响应与恢复四种侧重于网络安全管理的辅助机制相配合。

(三)OSI 安全服务与安全机制的对应关系

在 OSI 安全体系结构中定义的安全服务与安全机制之间存在着一定联系,但不是一一对应的关系。也就是说,有些安全服务需要多种安全机制来支持,而有些服务只需要某一种安全机制来支持。

OSI 定义的六种安全服务在 OSI 参考模型中的不同层次得到支持，具体情况可分为以下几个方面。

1. 物理层

物理层只支持数据保密服务。

2. 数据链路层

数据链路层只支持数据保密服务。

3. 网络层

由于网络层的功能主要是路由选择，因此网络层支持多种安全服务，如数据保密服务、对等实体鉴别服务、访问控制服务、数据完整性服务及数据源鉴别服务等。

4. 传输层

传输层同样支持多种安全服务，如数据保密服务、对等实体鉴别服务、访问控制服务、数据完整性服务及数据源鉴别服务等。

5. 会话层

会话层不提供安全服务。

6. 表示层

表示层提供除数据保密服务中的信息安全服务以外的所有安全服务。

7. 应用层

原则上所有安全服务均可在应用层上提供，但由于应用层是 OSI 参考模型的最高层，是用户与 OSI 的接口，应用实体不同，所要求的安全服务也不同，因此应用层的安全服务一般都是专用的。

第二节　网络安全技术

一、信息加密技术

密码学是一门古老而又年轻的科学，自从人类有了秘密信息传输的要求以来，密码技术就始终伴随着人类社会的发展而发展。早在公元前 5 世纪，古希腊的斯巴达就出现了原始的密码器，大约在 4 000 年前，埃及就有了关于密码史的文字记载。而密码学真正成为一门科学还是在近代，计算机的产生、发展与应用对现代密码学的形成产生了深刻影响，使密码学不再仅仅作为一门艺术，而变成了一门科学。进入 21 世纪后，随着 Internet 的飞速发展，为满足电子商务、电子政务、远程医疗等诸多方面的安全要求,密码学有了更加广阔的应用舞台。

密码学就是研究密码技术的科学,以研究数据的保密为主要目的。密码学包括密码编码学和密码分析学两部分内容。其中,密码编码学研究的对象是加密,即如何对信息进行加密,实现信息的隐藏。密码分析学研究的对象是解密,即如何从获得的信息中分析出隐藏在信息中的内容。密码编码学和密码分析学研究的对象既相互对立又相互统一,二者的研究共同促进了密码学的发展。

信息加密技术是网络安全的基础,因为在网络环境中很难做到对敏感数据和重要数据的隔离,所以通常采用的方法就是利用信息加密技术对在网络中要传输和存储的数据进行加密,使攻击者即便获得了数据,也无法理解其中的含义,达到保密的目的。更重要的是,信息加密技术是实现网络安全的机密性、完整性、真实性和不可抵赖性等安全要素的核心技术。

二、密钥管理

密钥管理涉及密钥生命的每个环节,包括密钥的产生、分配、存储、组织、使用和销毁等。密钥管理的主要目的是提高密钥的安全性。一个好的密钥管理系统,在密钥的生成与分配过程中,应当尽量减少人为干预,应当满足以下几个基本条件:

①密钥应难以被窃取。

②密钥要有使用范围和时间的限制,即使在一定条件下密钥被窃取了,也不会影响系统安全性。

③密钥的生成、分配与更新过程对用户应该是透明的。

(一)密钥的分类

从网络应用情况来看,为了保证密码系统的安全,通常需要多种密钥相互配合使用,密钥一般分为初级密钥、密钥加密密钥和主机主密钥三类。

(二)密钥的长度

密钥生成时主要应当考虑密钥生成算法强度、密钥空间大小及弱密钥等基本问题。其中,密钥空间大小是由密钥长度决定的,它是影响抗穷举攻击能力的主要因素。一般情况下,密钥越长,安全性就越高,抗穷举攻击的能力就越强。如果密钥长度足够长,那么理论上讲密码系统具有极高的安全性,如目前密钥长度达到或超过 128 位后,普遍认为系统是安全的。但是随着高性能计算机的出现以及分布式计算能力的不断提高,密钥长度也需要随之加大,而密钥长度的加大也会增加存储空间和密钥管理的难度，所以密钥长度的选择需要在保证系统安全性前提下综合时间、空间和效率进行权衡。

（三）密钥的生成

密码系统的安全性主要依赖于密钥的安全性，如果生成密钥用的是弱密钥算法，那么攻击者就能够通过破译密钥生成算法来获得密钥。因此，密钥生成算法强度是关系密钥安全的重要内容。

弱密钥算法必然会生成大量的弱密钥，虽然强的密钥算法也会产生弱密钥，但是其弱密钥的个数非常有限，可以通过测试来找出弱密钥，并进行替代。因为弱密钥往往可能是某个人姓名、年龄、出生日期或者某个常用的单词等，所以琼举攻击者并不需要按照顺序去尝试所有的可能密钥，而是首先尝试这些最有可能的弱密钥，就有可能在很短的时间内破译。据统计，利用此方法能够破译一般计算机上40％的口令。许多的加密算法也都会产生弱密钥，例如 DES 算法中产生的约 7.2×10^{16} 个可能的密钥中就有 16 个弱密钥。因此，对密钥的生成的一个基本要求就是要有良好的随机性，避免弱密钥的产生。

在一般的非密码的应用场合，对于生成的随机数只要呈平衡、等概率的分布就能够满足使用要求，并不需要具有不可预测性；但是在密码系统中（特别是在密钥生成中），不可预测性则是一条根本性要求，必须满足。因为不满足不可预测性要求的随机数虽然能经受随机统计检验，但它容易预测，如果用它来做密钥就可能很容易被破译。另外，密钥碾碎技术也是一种避免弱密钥的有效方法，它利用单向散列函数能够将容易记忆的短语转换为一个随机密钥，具有较高的随机性。

（四）密钥的分配

密钥的分配研究密码系统中进行密钥的分发与传送，目的是使密钥能够在参与者之间安全地进行交换而不被他人获得。密钥的分配是密钥管理的一个重要内容，是关系密码系统安全的重要环节，因为任何密码系统的安全都取决于密钥的保密。

对于对称密钥密码体制，参与通信双方采用的是相同的密钥，为了保证密码系统的安全，一方面密钥不能被泄露，另一方面需要不断地更换密钥，防止攻击者的破译。为此，对称密钥密码体制密钥分配采用的方法主要有两种，一种是用非对称密钥密码体制加密对称密钥体制的密钥；另一种是利用专用的安全信道传递对称密钥体制的密钥。

非对称密钥密码体制采用的是双钥体制，即一个公开密钥，一个秘密密钥。其中，公开密钥是公开的，不需要保密，但是要保证它的正确性。公开密钥的分配与传送方法通常采用公开发布、公开密钥动态目录表或数字证书（也称公钥证书）等几种形式。其中，目前应用最广泛的是数字证书形式，已广泛应用于电子商务、电子政务等领域；秘密密钥是参与通信的各方各自用于解密所使用的私钥，不能被泄露。因此，它的分配与传送可以采用与对称密钥密码体制相同的方法。

（五）密钥的更新

密钥在使用一段时间后（也可能是仅使用了一次），或者是怀疑一个密钥已经受到威胁时，或者是密钥丢失情况发生后，就需要对密钥进行更新。在公钥证书中通常采用给密钥设置一个“生存期”的方法，当公钥证书“接近”过期时，就由证书的颁发机构颁发一个新的密钥及相关证书进行密钥的更新。

（六）密钥的保存与备份

密钥的保存与备份是密钥管理中的一个棘手问题，其安全性直接关系到密码系统的安全性。密钥在产生后，其保存的方法一般有两种，即整体保存和分散保存。整体保存是把密钥作为一个整体由某个实体统一保存与恢复，通常采用的方法有人工记忆、外部记忆装置、密钥恢复、系统内部保存等；分散保存是把密钥分成几个部分，分别进行保存，其目的就是要最大限度地降低由于某个实体的问题而导致密钥泄露事件发生的可能性。目前采用比较多的是密钥共享协议法，该方法是用户将自己的密钥分成若干片，而后将它们分别交给不同的人进行保管。因为每个保管人拿到的仅仅是密钥的一部分，而不是全部密钥，所以密钥是安全的。只有将全部密钥收集到一起，才能形成并恢复完整的密钥。

（七）密钥的销毁

在更换密钥以后，要将旧密钥彻底销毁。如果旧密钥被攻击者获得，攻击者就得到了有关加密的一些旧信息，从而能够通过分析得到更换后的密钥，给密码系统的安全带来重大隐患。

如果密钥是写在纸上的，就要彻底粉碎或烧毁；如果密钥是存储在磁盘上的，就要多次对磁盘存储的实际位置进行覆盖或将磁盘切碎，并应写下一个特殊的删除程序让它查看所有磁盘，寻找在未用存储区上的密钥副本，并将它们彻底删除；如果密钥存储在 EPROM 或 PROM 中，就要将该芯片碾碎；如果密钥存储在 EE-PROM 中，就应多次重写该芯片。

由此可以看出，密钥销毁不是简单的丢弃，而是一件需要细心、彻底负责的工作，需要有相应的管理制度和管理机构予以监督实施。

三、网络加密方式

（一）链路加密

链路加密是指在网络传输过程中对传输数据的通信链路进行加密，即相邻节点之间的链路加密。加密内容包括数据报文本身、路由信息和协议信息等。在链路加密方式中，每条通信链路上的加密都可以独立实现，而且对每条通信链路通常采用不同的加密算法和密钥。当报文传输到相邻节点时，该节点就需要对接收的报文进行解密，才能知道路由信息，因为路由信息也是加密的，不解密无法继续向下传输。由此可以看出，链路加密仅仅是对通信链路中的数据进行加密，而数据在每个中间节点是以明文的形式出现的。

（二）端到端加密

端到端加密是在信源节点和信宿节点中对传送的协议数据单元进行加密和解密的，即加密和解密仅仅在信源和信宿两个节点上进行。但是在端到端加密中，对于协议数据单元中的控制信息部分不进行加密，如信源节点地址、信宿节点地址、路由信息等，否则中间节点无法进行正确的路由选择。端到端加密也称为面向协议的加密。

四、访问控制技术

访问控制是针对越权使用资源的防御措施，是指主体依据某种控制策略或权限对客体本身或是其资源进行的不同授权访问。访问控制技术的三要素为主体、客体和控制策略。

（一）访问控制的内容

访问控制的实现首先要做的是对用户身份进行验证，而后是对控制策略的选择与实现，最后要对非法用户或合法用户的越权使用进行跟踪审计。因此，访问控制的内容主要包括认证、控制策略的选择与实现和安全审计三部分。

（二）基本访问控制策略

基本访问控制策略主要包括入网访问控制策略、操作权限控制策略、目录级安全控制策略、属性安全控制策略、网络服务器安全控制策略、网络监测与锁定控制策略和网络端口与节点控制策略七种。

五、防火墙技术

防火墙是基于网络访问控制技术的一种网络安全技术。防火墙是由软件或硬件设备组合而成的保护网络安全的系统，防火墙通常被置于内部网络与外部网络之间，是内网与外网之间的一道安全屏障。因此，通常将防火墙内的网络称为“可信赖的网络”，而其外的网络称为“不可信赖的网络”。实际上，防火墙就是在一个被认为是安全和可信的内部网络与一个被认为是不安全和不可信的外部网络（通常是 Internet）之间提供防御功能的系统。

防火墙能够限制外部网络用户对内部网络的访问权限，防止外部非法用户的攻击和进入，同时能够对内部网络用户对外部网络的访问行为进行有效的管理。

六、安全扫描技术

安全扫描技术就是对计算机系统或者是网络设备进行安全相关的检测，寻找可能对系统造成损害的安全漏洞。

安全扫描技术一般分为主机安全扫描技术和网络安全扫描技术两大类。主机安全扫描技术侧重于主机系统平台的安全性以及基于平台的应用系统安全性；网络安全扫描技术侧重于系统提供的网络应用、网络服务及相关的协议分析等。

网络安全扫描是一把双刃剑，管理员利用它可以发现系统中存在的安全隐患，防范黑客的侵入与攻击；而黑客利用它可以入侵系统，对系统的安全性构成威胁。因此，网络安全扫描有利有弊，要充分利用它的安全优势，防范网络安全风险，防止黑客攻击，保障网络系统的安全。

七、入侵检测技术

入侵检测技术（Intrusion Detection Technology，IDT）是一种用于检测计算机系统及网络中违反安全策略行为的技术，是保证计算机系统及网络系统动态安全性的核心技术之一。入侵检测技术被认为是继防火墙之后的计算机系统及网络的第二道安全闸门，是防火墙的合理补充。通过对计算机系统及网络的实时监控，及时发现入侵行为，采取应对措施，从而实现对内部攻击、外部攻击和误操作的实时保护，使系统的安全性得到极大提高。

入侵检测系统（Intrusion Detection System，IDS）是由入侵检测软件及硬件构成的系统，它能够依照一定的安全策略，对计算机系统及网络的运行状况进行实时监控，一旦发现有可疑行为或者是各种攻击企图，就立即采取相应的安全应对措施，如报警、记录或切断网络连接等。入侵检测系统不仅能够在攻击对系统产生危害前发现攻击行为，采取相应措施予以保护，减少攻击所造成的危害，而且能够在攻击发生后，通过收集与分析入侵攻击信息，对模式库内容进行更新，增强系统的应变与防范能力。

第三章　数据库与数据安全技术

第一节　数据库安全概述

一、数据库安全的概念

数据库安全是指数据库的任何部分都没有受到侵害，或没有受到未经授权的存取和修改。数据库安全性问题一直是数据库管理员所关心的问题。

数据库就是一种结构化的数据仓库。人们时刻都在和数据打交道，如存储在个人掌上计算机(PDA)中的数据、家庭预算的电子数据表格等。对于少量、简单的数据，如果与其他数据之间的关联较少或没有关联，则可将它们简单地存放在文件中。普通记录文件没有必要的结构来系统地反映数据间的复杂关系，也不能强制定义个别数据对象。但是企业数据都是相关联的，不可能使用普通的记录文件来管理大量的、复杂的系列数据，如银行的客户数据或者生产厂商的生产控制数据等。

(一)数据库系统的安全性

数据库系统的安全性是指在系统级控制数据库的存取和使用的机制，应尽可能地堵住潜在的各种漏洞，防止非法用户利用这些漏洞侵入数据库系统；保证数据库系统不因软、硬件故障及灾害的影响而不能正常运行。数据库系统安全包括硬件运行安全，物理控制安全，操作系统安全，用户有连接数据库的授权，灾害、故障恢复。

(二)数据库数据的安全性

数据库数据的安全性是指在对象级控制数据库的存取和使用的机制，哪些用户可存取指定的模式对象及在对象上允许有哪些操作类型。数据库数据安全包括有效的用户名/口令鉴别，用户访问权限控制，数据存取权限、方式控制、审计跟踪、数据加密，防止电磁信息泄露。数据库数据的安全措施应能确保数据库系统关闭后，当数据库数据存储媒体被破坏或当数据库用户误操作时，数据库数据信息不会丢失。对于数据库数据的安全性问题，数据库管理员可以采用系统双机热备份功能、数据库的备份和恢复、数据加密、访问控制等措施。

二、数据库管理系统及特性

(一)数据库管理系统简介

数据库管理系统(DBMS)已经发展了近30年。人们提出了许多数据模型,并一一得以实现,其中比较重要的是关系模型。在关系型数据库中,数据项保存在行中,文件就像是一个表,关系被描述成不同数据表间的匹配关系。区别关系模型和网络及分级型数据库重要的一点就是数据项关系可以被动态地描述或定义,而不需要因结构改变而重新加载数据库。

早在1980年,数据库市场就被关系型数据库管理系统所占领。这个模型基于一个可靠的基础,可以简单并恰当地将数据项描述成为表(Table)中的记录行(Row)。关系模型第一次广泛地推行是在1980年,由于当时一种标准的数据库访问程序语言被开发,这种语言被称作结构化查询语言(SQL)。今天,成千上万使用关系型数据库的应用程序已经被开发出来,如跟踪客户端处理的银行系统、仓库货物管理系统、客户关系管理(CRM)系统和人力资源管理系统等。由于数据库保证了数据的完整性,企业通常将他们的关键业务数据存放在数据库中。因此,保护数据库安全和防止数据库故障已经成为企业所关注的重点。

(二)数据库管理系统的安全功能

DBMS是专门负责数据库管理和维护的计算机软件系统。它是数据库系统的核心,不仅负责数据库的维护工作,还能保护数据库的安全性和完整性。DBMS是近似于文件系统的软件系统,应用程序和用户可以通过它取得所需的数据。然而,与文件系统不同,DBMS定义了所管理的数据之间的结构和约束关系,并且提供了一些基本的数据管理和安全功能。

1.数据的安全性

在网络应用上,数据库必须是一个可以存储数据的安全地方。DBMS能够提供有效的备份和恢复功能确保在故障和错误发生后,数据能够尽快地恢复并被应用所访问。对于一个企事业单位来说,把关键的和重要的数据存放在数据库中,这就要求DBMS必须能够防止未授权的数据访问。

只有数据库管理员对数据库中的数据拥有完全的操作权限,并可以规定各用户的权限,DBMS保证对数据的存取方法是唯一的。每当用户想要存取敏感数据时,DBMS就进行安全性检查。在数据库中,对数据进行各种类型的操作(检索、修改、删除等)时,DBMS 都可以对其实施不同的安全检查。

2. 数据的共享性

一个数据库中的数据不仅可以为同一企业或组织内部的各个部门所共享,也可被不同组织、不同地区甚至不同国家的多个应用和用户同时进行访问,而且还要不影响数据的安全性和完整性,这就是数据共享。数据共享是数据库系统的目的,也是它的一个重要特点。数据库中数据的共享主要体现在以下几个方面。

①不同的应用程序可以使用同一个数据库。

②不同的应用程序可以在同一时刻去存取同一个数据。

③数据库中的数据不但可供现有的应用程序共享,还可为新开发的应用程序使用。

④应用程序可用不同的程序设计语言编写,它们可以访问同一个数据库。

3. 数据的结构化

基于文件的数据的主要优势就在于它利用了数据结构。数据库中的文件相互联系,并在整体上服从一定的结构形式。数据库具有复杂的结构,不仅是因为它拥有大量的数据,同时也因为在数据之间和文件之间存在着种种联系。数据库的结构使开发者避免了针对每一个应用都需要重新定义数据逻辑关系的过程。

4. 数据的独立性

数据的独立性就是数据与应用程序之间不存在相互依赖关系,也就是数据的逻辑结构、存储结构和存取方法等不因应用程序的修改而改变,反之亦然。从某种意义上讲,一个 DBMS 存在的理由就是为了在数据组织和用户的应用之间提供某种程度的独立性。数据库系统的数据独立性可分为物理独立性和逻辑独立性两个方面。

①物理独立性:数据库物理结构的变化不影响数据库的应用结构,从而也就不影响其相应的应用程序。这里的物理结构是指数据库的物理位置、物理设备等。

②逻辑独立性:数据库逻辑结构的变化不影响用户的应用程序,修改或增加数据类型、改变各表之间的联系等都不会导致应用程序的修改。

以上两种数据独立性都要依靠于 DBMS 来实现。到目前为止,物理独立性已经实现,但逻辑独立性实现起来非常困难,因为数据结构一旦发生变化,一般情况下,相应的应用程序都要进行或多或少的修改。

5. 其他安全功能

①保证数据的完整性,抵御一定程度的物理破坏,能维护和提交数据库内容。

②实施并发控制，避免数据的不一致性。

③数据库的数据备份与数据恢复。

④能识别用户、分配授权和进行访问控制，包括用户的身份识别和验证。

(三)数据库事务

“事务”是数据库中的一个重要概念，是一系列操作过程的集合，也是数据库数据操作的并发控制单位。一个“事务”就是一次活动所引起的一系列的数据库操作。例如，一个会计“事务”可能是由读取借方数据、减去借方记录中的借款数量、重写借方记录、读取贷方记录、在贷方记录的数量加上从借方扣除的数量、重写贷方记录、写一条单独的记录来描述这次操作以便日后审计等操作组成。所有这些操作组成了一个“事务”，描述了一个业务动作。无论借方的动作还是贷方的动作，哪一个没有被执行，数据库就都不会反映该业务执行的正确性。DBMS在数据库操作时对“事务”进行定义，要么一个“事务”应用的全部操作结果都反映在数据库中(全部完成)，要么就一点儿都没有反映在数据库中(全部撤除)，数据库回到该次事务操作的初始状态。这就是说，一个数据库“事务”序列中的所有操作只有两种结果——全部执行和全部撤除。因此，“事务”是不可分割的单位。

上述会计“事务”的例子包含了两个数据库操作，即从借方数据中扣除资金；在贷方记录中加入这部分资金。如果系统在执行该“事务”的过程中崩溃，而此时已修改完毕借方数据，但还没有修改贷方数据，资金就会在此时物化。如果把这两个步骤合并成一个事务命令，这在数据库系统执行时，要么全部完成，要么一点儿都不完成。当只完成一部分时，系统是不会对已做的操作予以响应的。

第二节　数据库的安全特性

一、数据库的安全性

数据库的安全性是指保护数据库以防止不合法的使用所造成的数据泄露、更改或破坏。在数据库系统中有大量的计算机系统数据集中存放，为许多用户所共享，这样就使安全问题更为突出。在一般的计算机系统中，安全措施是一级一级设置的。

(一)数据库的存取控制

在数据库存储一级可采用密码技术，若物理存储设备失窃，它能起到保密作用。在数据库系统中,可提供数据存取控制来实施该级的数据保护。

1.数据库的安全机制

多用户数据库系统(如 Orack)提供的安全机制可做到:

①防止非授权的数据库存取。

②防止非授权的模式对象的存取。

③控制磁盘使用。

④控制系统资源使用。

⑤审计用户动作。

在 Oracle 服务器上提供了一种任意存取控制,它是一种基于特权限制信息存取的方法。用户要存取某一对象必须有相应的特权授予该用户,已授权的用户可任意地授权给其他用户。Oracle 保护信息的方法采用任意存取控制限制全部用户对命名对象的存取。用户对对象的存取受特权控制,一种特权是存取一个命名对象的许可,为一种规定格式。

2.模式和用户机制

Oracle 使用多种不同的机制管理数据库安全性,其中有模式和用户两种机制。

①模式机制:模式为模式对象的集合,模式对象如表、视图、过程和包等。

②用户机制:每一个 Oracle 数据库有一组合法的用户,可运行一个数据库应用和使用该用户连接到定义该用户的数据库。当建立一个数据库用户时,对该用户建立一个相应的模式,模式名与用户名相同。一旦用户连接一个数据库,该用户就可存取相应模式中的全部对象,一个用户仅与同名的模式相联系,所以用户和模式是类似的。

(二)特权和角色

1.特权

特权是执行一种特殊类型的 SQL 语句或存取另一用户对象的权力,有系统特权和对象特权两类。

①系统特权:系统特权是执行一种特殊动作或者在对象类型上执行一种特殊动作的权力。系统特权可授权给用户或角色,系统可将授予用户的系统特权授给其他用户或角色。同样,系统也可从那些被授权的用户或角色处收回系统特权。

②对象特权:对象特权是指在表、视图、序列、过程、函数或包上执行特殊动作的权利,对于不同类型的对象,有不同类型的对象特权。

2. 角色

角色是相关特权的命名组,数据库系统利用角色可更容易地进行特权管理。

(1)角色管理的优点

第一,减少特权管理。

第二,动态特权管理。

第三,特权的选择可用性。

第四,应用可知性。

第五,专门的应用安全性。

一般来说,建立角色有两个目的:一是为数据库应用管理特权;二是为用户组管理特权。相应的角色分别称为应用角色和用户角色。

首先,应用角色是系统授予的运行一组数据库应用所需的全部特权,一个应用角色可授予其他角色或指定用户。一个应用可有几种不同角色,具有不同特权组的每一个角色在使用应用时可进行不同的数据存取。

其次,用户角色是为具有公开特权需求的一组数据库用户而建立的。

(2)数据库角色的功能

第一,一个角色可被授予系统特权或对象特权。

第二,一个角色可授权给其他角色,但不能循环授权。

第三,任何角色可授权给任何数据库用户。

第四,授权给一个用户的每一角色可以是可用的,也可以是不可用的。

第五,一个间接授权角色(授权给另一角色的角色)对一个用户可明确其可用或不可用。

第六,在一个数据库中,每一个角色名是唯一的。

(三)审计

审计是对选定的用户动作的监控和记录,通常用于审查可疑的活动、监视和收集关于指定数据库活动的数据。

1. Oracle 支持的三种审计类型

第一,语句审计。语句审计是指对某种类型的 SQL 语句进行的审计,不涉及具体的对象。这种审计既可对系统的所有用户进行,也可对部分用户进行。

第二,特权审计。特权审计是指对执行相应动作的系统特权进行的审计,不涉及具体对象。这种审计也是既可对系统的所有用户进行,也可对部分用户进行。

第三,对象审计。对象审计是指对特殊模式对象的访问情况的审计,不涉及具体用户，是监控有对象特权的SQL语句。

2. Oracle允许的审计选择范围

第一，审计语句的成功执行、不成功执行，或其两者都包括。

第二，对每一用户会话审计语句的执行审计一次或对语句的每次执行审计一次。

第三，审计全部用户或指定用户的活动。

当数据库的审计是可能时，在语句执行阶段产生审计记录。审计记录包含有审计的操作、用户执行的操作、操作的日期和时间等信息。审计记录可存放于数据字典表(称为审计记录)或操作系统审计记录中。

二、数据库的完整性

数据库的完整性是指保护数据库数据的正确性和一致性。它反映了现实中实体的本来面貌。数据库系统要提供保护数据完整性的功能。

系统用一定的机制检查数据库中的数据是否满足完整性约束条件。Oracle应用于关系型数据库的表的数据完整性有下列规则。

第一，空与非空规则。在插入或修改表的行时允许或不允许包含有空值的列。第二，唯一列值规则。允许插入或修改表的行在该列上的值唯一。第三，引用完整性规则。第四，用户定义规则。Oracle允许定义和实施每一种类型的数据完整性规则，如空与非空规则、唯一列值规则和引用完整性规则等，这些规则可用完整性约束和数据库触发器来定义。

(一)完整性约束

完整性约束条件是作为模式的一部分，对表的列所定义的一些规则的说明性方法。具有定义数据完整性约束条件功能和检查数据完整性约束条件方法的数据库系统可实现对数据库完整性的约束。完整性约束有数值类型与值域的完整性约束、关键字的约束、数据联系(结构)的约束等。这些约束都是在稳定状态下必须满足的条件，叫静态约束。相应地，还有动态约束，指数据库中的数据从一种状态变为另一种状态时，新旧数值之间的约束，如更新人的年龄时新值不能小于旧值等。

(二)数据库触发器

1. 触发器的定义

数据库触发器是使用非说明方法实施的数据单元操作过程，利用数据库触发器可定义和实施任何类型的完整性规则。Oracle允许定义过程，当对相关的表进行insert、update或delete语句操作时，这些过程被隐式地执行，这些过程就称为数据库触发器。触发器类似于存储过程，可包含SQL语句和PL/SQL语句，并可调用其他的存储过程。过程与触发器的差别在于其调用方法：过程由用户或应用显式地执行，而触发器是为一个激发语句(insert、update、delete)发出而由Oracle隐式地触发。一个数据库应用可隐式地触发存储在数据库中的多个触发器。

2. 触发器的组成

一个触发器由三部分组成：触发事件或语句、触发限制和触发器动作。触发事件或语句是指引起激发触发器的SQL语句，如insert、update或delete语句。触发限制是指定一个布尔表达式，当触发器激发时该布尔表达式必须为真。触发器作为过程，是PL/SQL块，当触发语句发出、触发限制计算为真时该过程被执行。

3. 触发器的功能

在许多情况下触发器补充了Oracle的标准功能，以提供高度专用的数据库管理系统。一般触发器用于实现以下目的：

①自动地生成导出列值；②实施复杂的安全审核；③在分布式数据库中实施跨节点的完整性引用；④实施复杂的事务规则；⑤提供透明的事件记录；⑥提供高级的审计；⑦收集表存取的统计信息。

三、数据库的并发控制

数据库是一种共享资源库，可为多个应用程序所共享。在许多情况下，由于应用程序涉及的数据量可能很大，常常会涉及输入/输出的交换。为了有效地利用数据库资源，可能多个程序或一个程序的多个进程并行地运行，这就是数据库的并发操作，在多用户数据库环境中，多个用户程序可并行地存取数据。并发控制是指在多用户的环境下，对数据库的并行操作进行规范的机制，其目的是避免数据的丢失修改、无效数据的读出与不可重复读数据等，从而保证数据的正确性与一致性。并发控制在多用户的模式下是十分重要的，但这一点经常被一些数据库应用人员所忽视，而且因为并发控制的层次和类型非常丰富和复杂，有时使人难以抉择，不清楚如何衡量并发控制的原则和途径。

(一)一致性和实时性

一致性的数据库就是指并发数据处理响应过程已完成的数据库。例如，一个会计数据库，在它的借方记录与相应的贷方记录相匹配的情况下，它就是数据一致的。一个实时的数据库就是指所有的事务全部执行完毕后才响应。如果一个正在运行数据库管理的系统出现了故障而不能继续进行数据处理，原来事务的处理结果还存储在缓存中而没有写入磁盘文件中，当系统重新启动时，系统数据就是非实时性的。数据库日志用来在故障发生后恢复数据库时保证数据库的一致性和实时性。

(二)数据的不一致现象

事务并发控制不当，可能会产生丢失修改、读无效数据、不可重复读等数据不一致现象。

1. 丢失修改

丢失数据是指一个事务的修改覆盖了另一个事务的修改，使前一个修改丢失。例如，两个事务 T1 和 T2 读入同一数据，T2 提交的结果破坏了 T1 提交的数据，使 T1 对数据库的修改丢失，造成数据库中的数据错误。

2. 读无效数据

无效数据的读出是指不正确数据的读出。例如，事务 T1 将某一值修改，然后事务 T2 读该值，此后 T1 由于某种原因撤销对该值的修改，这样就造成 T2 读取的数据是无效的。

3. 不可重复读

在一个事务范围内，两个相同的查询却返回了不同数据，这是由于查询时系统中其他事务修改的提交而引起的。例如，事务 T1 读取某一数据，事务 T2 读取并修改了该数据，T1 为了对读取值进行检验而再次读取该数据，便得到不同的结果。但在应用中为了提高并发度，可以容忍一些不一致现象。例如，大多数业务经适当调整后可以容忍不可重复读。当今流行的关系型数据库系统（如 Oracle、SQL Server 等）是通过事务隔离与封锁机制定义并发控制所要达到的目标的，根据其提供的协议，可以得到几乎任何类型的、合理的并发控制方式。

并发控制数据库中的数据资源必须具有共享属性。为了充分利用数据库资源，应允许多个用户并行操作数据库。数据库必须能对这种并行操作进行控制，以保证数据在不同的用户间使用时的一致性。

(三)并发控制的实现

并发控制的实现途径有多种，如果 DBMS 支持，当然最好是运用其自身的并发控制能力。如果系统不能提供这样的功能，可以借助开发工具的支持，还可以考虑调整数据库应用程序，有的时候可以通过调整工作模式来避开这种会影响效率的并发操作。并发控制能力是指多用户在同一时间对相同数据同时访问的能力。

一般的关系型数据库都具有并发控制能力，但是这种并发功能也会对数据的一致性带来危险。

四、数据库的恢复

当人们使用一个数据库时，总希望它的内容是可靠的、正确的。但计算机系统的故障(硬件故障、软件故障、网络故障、进程故障和系统故障等)会影响数据库系统的操作，影响数据库中数据的正确性，甚至破坏数据库，使数据库中数据全部或部分丢失。因此，当发生上述故障后，人们希望能尽快恢复到原数据库状态或重新建立一个完整的数据库，该处理称为数据库恢复。数据库恢复子系统是数据库管理系统的一个重要组成部分，具体的恢复处理因发生的故障类型所影响的情况和结果而变化。

(一)操作系统备份

不管为 Oracle 数据库设计什么样的恢复模式，数据库的数据文件、日志文件和控制文件的操作系统备份都是绝对需要的，它是保护介质故障的策略。操作系统备份分为完全备份和部分备份。

通过正规备份，并且快速地将备份介质运送到安全的地方，数据库就能够在大多数的灾难中得到恢复。恢复文件的使用是从一个基点的数据库映像开始，发展到一些综合的备份和日志。由于不可预知的物理灾难，一个完全的数据库恢复(重应用日志)可以使数据库映像恢复到尽可能接近灾难发生的时间点的状态。对于逻辑灾难，如人为破坏或者应用故障等，数据库映像应该恢复到错误发生前的那一点。在一个数据库的完全恢复过程中，基点后所有日志中的事务被重新应用，所以结果就是一个数据库映像反映所有在灾难前已接受的事务，而没有被接受的事务则不被反映。数据库恢复可以恢复到错误发生前的最后一个时刻。

(二)介质故障的恢复

介质故障是当一个文件、文件的一部分或一块磁盘不能读或不能写时出现的故障。介质故障的恢复有以下两种形式，由数据库运行的归档方式决定。

如果数据库是可运行的，它的在线日志仅可重用但不能归档，此时介质恢复可使用最新的完全备份的简单恢复。

如果数据库可运行且其在线日志是可归档的，则该介质故障的恢复是一个实际恢复过程，需重构受损的数据库，恢复到介质故障前的一个指定事务状态。不管采用哪种方式，介质故障的恢复总是将整个数据库恢复到故障前的一个事务状态。

如果数据库是在归档日志方式下运行,可采用完全介质恢复和不完全介质恢复两种方式进行。

第三节　数据库的安全保护

一、数据库的安全保护层次

数据库系统的安全除依赖于其内部的安全机制外,还与外部网络环境、应用环境、从业人员素质等因素有关,因此,从广义上讲,数据库系统的安全框架可以划分为三个层次。

这三个层次构成数据库系统的安全体系,与数据库安全的关系是逐层紧密联系的,防范的重要性也逐层加强,从外到内、由表及里保证数据的安全。

(一)网络系统层次安全

从广义上讲,数据库的安全首先依赖于网络系统。随着 Internet 的发展和普及,越来越多的公司将其核心业务向互联网转移,各种基于网络的数据库应用系统纷纷涌现出来,面向网络用户提供各种信息服务。

可以说,网络系统是数据库应用的外部环境和基础,数据库系统要发挥其强大的作用离不开网络系统的支持,数据库系统的用户(如异地用户、分布式用户)也要通过网络才能访问数据库的数据。网络系统的安全是数据库安全的第一道屏障,外部入侵首先就是从入侵网络系统开始的。网络入侵是试图破坏信息系统的完整性、保密性或可信任的任何网络活动的集合。网络系统的开放式环境面临的威胁主要有欺骗(Masquerade)、重发(Replay)、报文修改、拒绝服务(DoS)、陷阱门(Trapdoor)、特洛伊木马(Trojan horse)、应用软件攻击等。这些安全威胁是无时无处不在的,因此必须采取有效的措施来保障系统的安全。

(二)操作系统层次安全

操作系统是大型数据库系统的运行平台,为数据库系统提供了一定程度的安全保护。目前操作系统平台大多为 UNIX,安全级别通常为 C2 级。主要安全技术有访问控制安全策略、系统漏洞分析与防范、操作系统安全管理等。访问控制安全策略用于配置本地计算机的安全设置,包括密码策略、账户策略、审核策略、IP 安全策略、用户权限分配、资源属性设置等,具体可以体现在用户账户、口令、访问权限和审计等方面。

(三)数据库管理系统层次安全

数据库系统的安全性在很大程度上依赖于DBMS,如果DBMS的安全性机制非常完善,则数据库系统的安全性能就好。目前市场上流行的是关系型数据库管理系统,其安全性功能较弱,这就对数据库系统的安全性存在一定的威胁。由于数据库系统在操作系统下都是以文件形式进行管理,因此入侵者可以直接利用操作系统漏洞窃取数据库文件,或者直接利用操作系统工具非法伪造、篡改数据库文件内容。数据库管理系统层次安全技术主要是用来解决这些问题,即当前面两个层次已经被突破的情况下仍能保障数据库数据的安全,这就要求数据库管理系统必须有一套强有力的安全机制,采取对数据库文件进行加密处理是解决该层次安全的有效方法。因此,即使数据不慎泄露或者丢失,也难以被人破译和阅读。

二、数据库的审计

对于数据库系统,数据的使用、记录和审计是同时进行的。审计的主要任务是对应用程序或用户使用数据库资源的情况进行记录和审查,一旦出现问题,审计人员便对审计事件记录进行分析,查出原因。因此,数据库审计可作为保证数据库安全的一种补救措施。安全系统的审计过程是记录、检查和回顾与系统安全相关行为的过程。通过对审计记录的分析,可以明确责任个体,追查违反安全策略的违规行为。审计过程不可省略,审计记录也不可更改或删除。由于审计行为将影响DBMS的存取速度和反馈时间,因此必须综合考虑安全性系统性能,按需要提供配置审计事件的机制,以允许数据库管理员根据具体系统的安全性和性能需求作出选择。这些可由多种方法实现,如扩充、打开/关闭审计的SQL语句,或使用审计掩码。数据库审计有用户审计和系统审计两种方式。

(一)用户审计

进行用户审计时,DBMS的审计系统记录下所有对表和视图进行访问的企图以及每次操作的用户名、时间、操作代码等信息。这些信息一般都被记录在数据字典中,利用这些信息可以进行审计分析。

(二)系统审计

系统审计由系统管理员进行,其审计内容主要是系统一级命令及数据库客体的使用情况。数据库系统的审计工作主要包括设备安全审计、操作审计、应用审计和攻击审计等方面。设备安全审计主要审查系统资源的安全策略、安全保护措施和故障恢复计划等;操作审计是对系统的各种操作进行记录和分析;应用审计是审计建立于数据库上整个应用系统的功能、控制逻辑和数据流是否正确;攻击审计是指对已发生的攻击性操作和危害系统安全的事件进行检查和审计。常用的审计技术有静态分析系统技术、运行验证技术和运行结果验证技术等。

为了达到真正的审计目的，必须对记录了数据库系统中所发生过的事件的审计数据提供查询和分析手段。具体而言，审计分析要解决特权用户的身份鉴别、审计数据的查询、审计数据的格式、审计分析工具的开发等问题。

三、数据库的加密保护

大型 DBMS 的运行平台一般都具有用户注册、用户识别、任意存取控制(DAC)、审计等安全功能。虽然 DBMS 在操作系统的基础上增加了不少安全措施(如基于权限的访问控制等)，但操作系统和 DBMS 对数据库文件本身仍然缺乏有效的安全防护措施。有经验的网络黑客也会绕过一些防范屏障，直接利用操作系统工具窃取或篡改数据库文件内容，这种隐患被称为通向 DBMS 的"隐秘通道"，它所带来的危害一般数据库用户难以察觉。在传统的数据库系统中，数据库管理员的权力至高无上，既负责各项系统的管理工作(如资源分配、用户授权、系统审计等)，又可以查询数据库中的一切信息。为此，不少系统通过各种方式来削弱系统管理员的权力。

对数据库中存储的数据进行加密是一种保护数据库数据安全的有效方法。数据库的数据加密一般是在通用的数据库管理系统之上，增加一些加/解密控件完成对数据本身的控制。与一般通信中加密的情况不同，数据库的数据加密通常不是对数据文件加密，而是对记录的字段加密。当然，在数据备份到离线的介质上送到异地保存时，也有必要对整个数据文件进行加密。实现数据库加密以后，各用户(或用户组)的数据由用户使用自己的密钥加密，数据库管理员对获得的信息无法随意进行解密，从而保证了用户信息的安全。另外，通过加密，数据库的备份内容成为密文，从而能减少因备份介质失窃或丢失而造成的损失。

由此可见，数据库加密对于企业内部安全管理也是不可或缺的。如果在数据库客户端进行数据加/解密运算，对数据库服务器的负载及系统运行几乎没有影响。比如，在普通 PC 上，用纯软件实现 DES 加密算法的速度超过 200 KB/S，如果对一篇 1 万个汉字的文章进行加密，其加/解密时间仅需 1/10 s，这种时间延迟用户几乎无感觉。

目前，加密卡的加/解密速度一般为 1 Mb/s，对中小型数据库系统来说，这个速度即使在服务器端进行数据的加/解密运算也是可行的，因为一般的关系型数据项都不会太长。

(一)数据库加密的要求

1. 字段加密

在目前条件下,加/解密的粒度是每个记录的字段数据。如果以文件或列为单位进行加密,必然会形成密钥的反复使用,从而降低加密系统的可靠性,或者因加/解密时间过长而无法使用。只有以记录的字段数据为单位进行加/解密,才能适应数据库操作的需要,同时进行有效的密钥管理并完成“一次一密钥”的密码操作。

2. 密钥动态管理

数据库客体之间隐含着复杂的逻辑关系,一个逻辑结构可能对应着多个数据库物理客体,所以数据库加密不仅密钥量大,而且组织和存储工作较复杂,需要对密钥实行动态管理。

3. 合理处理数据

合理处理数据包括几方面的内容,首先要恰当地处理数据类型,否则 DBMS 将会因加密后的数据不符合定义的数据类型而拒绝加载;其次,需要处理数据的存储问题,实现数据库加密后,应基本上不增加空间开销。在目前条件下,数据库关系运算中的匹配字段(如表间连接码、索引字段等)数据不宜加密。

4. 不影响合法用户的操作

要求加密系统对数据操作响应的时间尽量短。在现阶段,平均延迟时间不应超过 1/10s。此外,对数据库的合法用户来说,数据的录入、修改和检索操作应该是透明的,不需要考虑数据的加/解密问题。

(二)数据库加密的层次

可以考虑在三个不同层次实现对数据库数据的加密,这三个层次分别是操作系统层、DBMS 内核层和 DBMS 外层。在操作系统层,无法辨认数据库文件中的数据关系,从而无法产生合理的密钥,也无法进行合理的密钥管理和使用。所以,在操作系统层对数据库文件进行加密,对于大型数据库来说,目前还难以实现。

在 DBMS 内核层实现加密,是指数据在物理存取之前完成加/解密工作。这种方式势必造成 DBMS 和加密器(硬件或软件)之间的接口需要 DBMS 开发商的支持。这种加密方式的优点是加密功能强,并且加密功能几乎不会影响 DBMS 的功能,可以实现加密功能与数据库管理系统之间的无缝耦合。但这种方式的缺点是在服务器端进行加/解密运算,加重了数据库服务器的负载。

比较实际的做法是将数据库加密系统做成 DBMS 的一个外层工具,采用这种加密方式时,加/解密运算可以放在客户端进行,其优点是不会加重数据库服务器的负载,并可实现网上传输加密;缺点是加密功能会受到一些限制,与数据库管理系统之间的耦合性稍差。“加密定义工具”模块的主要功能是定义如何对每个数据库表数据进行加密。在创建了一个数据库表后，通过这一工具对该表进行定义；“数据库应用系统”模块的功能是完成数据库定义和操作，数据库加密系统将根据加密要求自动完成对数据库数据的加/解密操作。

(三)数据库加密系统结构

数据库加密系统分成两个功能独立的主要部件：一个是加密字典管理程序；另一个是数据库加/解密引擎；数据库加密系统体系结构如数据库加密系统将用户对数据库信息具体的加密要求记载在加密数据中。

加密字典是数据库加密系统的基础信息，可以通过调用数据库加/解密引擎实现对数据库表的加密、解密及数据转换等功能。库信息的加/解密处理是在后台完成的，对数据库服务器是透明的。

加密字典管理程序是管理加密字典的实用程序，是数据库管理员变更加密要求的工具。加密字典管理程序通过数据库加/解密引擎实现对数据库表的加/解密及数据转换等功能，此时它作为一个特殊客户来使用数据库加/解密引擎。数据库加/解密引擎是数据库加密系统的核心部件，它位于应用程序与数据库服务器之间，负责在后台完成数据库信息的加/解密处理，对应用开发人员和操作人员来说是透明的。

数据加/解密引擎没有操作界面，在需要时由操作系统自动加载并驻留在内存中，通过内部接口与加密字典管理程序和用户应用程序通信。数据库加/解密引擎由三大模块组成，即数据库接口模块、用户接口模块和加/解密处理模块。其中，数据库接口模块的主要工作是接受用户的操作请求，并传递给加/解密处理模块；此外，还要代替加/解密处理模块去访问数据库服务器，并完成外部接口参数与加/解密引擎内部数据结构之间的转换；加/解密处理模块完成数据库加/解密引擎的初始化、内部专用命令的处理、加密字典信息的检索、加密字典缓冲区的管理、SQL命令的加密变换、查询结果的解密处理以及加/解密算法的实现等功能，另外还包括一些公用的辅助函数。按以上方式实现的数据库加密系统具有很多优点。

①系统对数据库的最终用户完全透明，数据库管理员可以指定需要加密的数据并根据需要进行明文和密文的转换。

②系统完全独立于数据库应用系统，不需要改动数据库应用系统就能实现加密功能，同时系统采用了分组加密法和二级密钥管理，实现了“一次一密”加密操作。

③系统在客户端进行数据加/解密运算，不会影响数据库服务器的系统效率，

数据加/解密运算基本无延迟感觉。数据库加密系统能够有效地保证数据的安全，即使黑客窃取了关键数据，仍然难以得到所需的信息，因为所有的数据都经过了加密。

另外，数据库加密以后，可以设定不需要了解数据内容的系统管理员不能见到明文，这样可大大提高关键性数据的安全性。

第四节　数据的完整性

一、影响数据完整性的因素

（一）硬件故障

常见的影响数据完整性的主要硬件故障有硬盘故障、I/O 控制器故障、电源故障和存储器故障等。

此外，设备和其他备份的故障、芯片和主板故障也会引起数据的丢失。

（二）软件故障

软件故障也是威胁数据完整性的一个重要因素。常见的软件故障有软件错误、文件损坏、数据交换错误、容量错误和操作系统错误等。软件具有安全漏洞是一个常见的问题，有的软件出错时，会对用户数据造成损坏，最可怕的事情是以超级用户权限运行的程序发生错误时，它可以把整个硬盘从根区删除。在应用程序之间交换数据是常有的事，当文件转换过程生成的新文件不具有正确的格式时，数据的完整性将受到威胁，软件运行不正常的另一个原因在于资源容量达到极限。如果磁盘根区被占满，将使操作系统运行不正常，引起应用程序出错，从而导致数据丢失。操作系统普遍存在漏洞，这是众所周知的。此外，系统的应用程序接口（API）被开发商用来为最终用户提供服务，如果这些 API 工作不正常，就会破坏数据。

（三）网络故障

网络故障通常由网卡和驱动程序、网络连接等问题引起。网卡和驱动程序实际上是不可分割的，多数情况下，网卡和驱动程序故障并不会损坏数据，只会造成使用者无法访问数据。但当网络服务器网卡发生故障时，服务器通常会停止运行，这就很难保证被打开的那些数据文件是否会被损坏。

网络数据传输过程中，往往由于互联设备（如路由器、网桥）的缓冲容量不够大而引起数据传输阻塞现象，从而导致数据包丢失。相反，这些互联设备也可能有较大的缓冲区,但调动这么大的信息流量造成的时延有可能导致会话超时。此外,不正确的网络布线也会影响数据的完整性。

（四）人为威胁

人为活动对数据完整性造成的影响是多方面的。人为威胁使数据丢失或改变是由于操作数据的用户本身造成的,分布式系统中最薄弱的环节就是操作人员。

（五）灾难性事件

通常所说的灾难性事件有火灾、水灾、风暴、工业事故、蓄意破坏和恐怖袭击等。灾难性事件对数据完整性有相当大的威胁,其对数据完整性之所以能造成严重的威胁,原因是灾难本身难以预料。另外,灾难所破坏的是包含数据在内的物理载体本身,所以,灾难基本上会将所有的数据全部毁灭。

二、保证数据完整性的方法

（一）保证数据完整性措施

最常用的保证数据完整性的措施是容错技术。常用的恢复数据完整性和防止数据丢失的容错技术有备份和镜像、归档和分级存储管理、转储、奇偶检验和突发事件的恢复计划等。

容错的基本思想是在正常系统基础上,利用外加资源(软、硬件冗余)达到降低故障的影响或消除故障的目的,从而可自动地恢复系统或达到安全停机的目的。也就是说,容错是以牺牲软、硬件成本为代价达到保证系统的可靠性,如双机热备份系统。目前容错技术将向以下方向发展:应用芯片技术容错,软件可靠性技术,高性能、高可靠性的分布式容错系统,综合性容错方法的研究等。

（二）容错系统的实现方法

常用的实现容错系统的方法有空闲备件、负载平衡、镜像技术、冗余系统配件和冗余存储系统等。

1. 空闲备件

空闲备件是指在系统中配置一个处于空闲状态的备用部件,它是提供容错的一条途径。当原部件出现故障时,该部件就取代原部件的功能。该容错类型的一个简单例子是将一个旧的低速打印机连在系统上,但只在当前使用的打印机出现故障时再使用该打印机,即该打印机是系统打印机的一个空闲备件。空闲备件在原部件发生故障时起作用,但与原部件不一定相同。

2. 负载平衡

负载平衡提供容错的途径是使两个部件共同承担一项任务,一旦其中一个部件出现故障,另一个部件就将两者的负载全部承担下来。这种方法通常在使用双电源的服务器系统中采用,如一个电源出现故障,另一个电源就承担原来两倍的负载。网络系统中常见的负载平衡是对称多处理。在对称多处理中,系统中的每一个处理器都能执行系统中的任何工作,即这种系统努力在不同的处理器之间保持负载平衡。由于该原因,对称多处理具有在CPU级别上提供容错的能力。

3.镜像技术

镜像技术是一种在系统容错中常用的方法。在镜像技术中,两个等同的系统完成相同的任务。如果其中一个系统出现故障,另一个系统则继续工作。这种方法通常用于磁盘子系统中,两个磁盘控制器可在同样型号磁盘的相同扇区内写入相同的内容。NetWare系统的SFTIII是一个典型的镜像技术,镜像要求两个系统完全相同且完成同一个任务。

4.冗余系统配件

冗余系统配件是指在系统中增加一些冗余配件,以增强系统故障的容错性。通常增加的冗余系统配件有电源、I/O设备和通道、主处理器等。

5.冗余存储系统

最常用的冗余存储系统有磁盘镜像和磁盘冗余阵列(RAID)。

①磁盘镜像:磁盘镜像支持在主机的一个硬盘通道上连接两块硬盘,一个为原盘,另一个为镜像盘。当主机写原盘时,同时也写了镜像盘,并对两个盘表面进行写后读验证。如果工作中原盘出现故障,镜像盘则自动承担原盘工作,数据不会丢失,系统也不会中止工作。

磁盘镜像是用一个通道连接两个硬盘,而磁盘双工是由两个通道带两个硬盘。这样,当一个硬盘驱动器或通道控制器出现故障时,能使用另一个通道上的硬盘而不影响系统的运行。同时,系统发出警告,促使磁盘双工保护措施尽快地得到恢复。

②独立磁盘冗余阵列RAID:RAID(Redundant Array of Independent Disks,独立磁盘冗余阵列,简称磁盘阵列)可采用硬件或软件的方法实现。磁盘阵列由磁盘控制器和多个磁盘驱动器组成,由磁盘控制器控制和协调多个磁盘驱动器的读、写操作。根据使用的RAID级别,一个数据文件可以采取不同的方式写入多个磁盘,从而提高性能。RAID是一种能够在不经历任何故障时间的情况下更换正在出错的磁盘或已发生故障的磁盘的存储系统,它是保证磁盘子系统非故障时间的一条途径。RAID的初衷主要是为大型服务器提供高端的存储功能和冗余的数据安全。可以这样来理解,RAID是一种把多块独立的硬盘(物理硬盘)按不同方式

组合起来形成一个硬盘组(逻辑硬盘),从而提供比单个硬盘更高的存储性能和提供数据冗余的技术。组成磁盘阵列的不同方式便成为RAID级别划分的标准。在用户看起来,组成的磁盘组就像是一个硬盘。用户可以对它进行分区、格式化等。不同的是,磁盘阵列的存储性能要比单个硬盘高很多,而且在很多RAID模式中都有较为完备的相互校检/恢复措施,甚至是直接相互的镜像备份,从而大大提高了RAID系统的容错度,提高了系统的稳定冗余性。不过,所有的RAID系统最大的优点则是"热交换"能力,即用户可以取出一个存在缺陷的硬盘驱动器,并插入一个新的硬盘驱动器予以更换。对大多数类型的RAID来说,可以利用镜像或奇偶信息在其他冗余的硬盘驱动器中重建数据,而不必中断服务器或系统就可以自动重建某个出现故障的磁盘上的数据。这一点对服务器用户以及其他高要求的用户是至关重要的。数据冗余的功能是指用户数据一旦发生损坏后,利用冗余信息可以使损坏数据得以恢复,从而保障了用户数据的完整性。RAID技术经过不断地发展,现在已拥有从RAID0到RAID6等七种基本的级别。另外,还有一些基本RAID级别的组合形式,如RAID10(RAID0与RAID1的组合)、RAID50(RAID 5与RAID 0的组合)等。不同RAID级别代表着不同的存储性能、数据安全性和存储成本。

第五节 数据备份和恢复

一、数据备份

(一)数据备份的概念

数据备份就是指为防止系统出现操作失误或系统故障导致数据丢失,而将全系统或部分数据集合从应用主机的硬盘或阵列中复制到其他存储介质上的过程。计算机系统中的数据备份通常是指将存储在计算机系统中的数据复制到磁带、磁盘、光盘等存储介质上,在计算机以外的地方另行保管。这样,当计算机系统设备发生故障或发生其他威胁数据安全的灾害时,能及时地从备份的介质上恢复正确的数据。数据备份的目的就是为了系统数据崩溃时能够快速地恢复数据,使系统迅速恢复运行。那么就必须保证备份数据和源数据的一致性和完整性,消除系统使用者的后顾之忧。其关键在于保障系统的高可用性,即操作失误或系统故障发生后,能够保障系统的正常运行。如果没有了数据,一切的恢复都是不可能实现的,因此备份是一切灾难恢复的基石。从这个意义上说,任何灾难恢复系统实际上都是建立在备份基础上的。

传统的数据备份主要是采用数据内置或外置的磁带机进行冷备份。一般来说，各种操作系统都附带了备份程序。但是随着数据的不断增加和系统要求的不断提高，附带的备份程序根本无法满足需求。要想对数据进行可靠的备份，必须选择专门的备份软/硬件，并制订相应的备份及恢复方案。

目前比较常用的数据备份有以下几种。

①本地磁带备份。利用大容量磁带备份数据。

②本地可移动存储器备份。利用大容量可移动等价硬盘驱动器、一次性可刻录光盘驱动器、可重复刻录光盘驱动器进行数据备份。

③本地可移动硬盘备份。利用可移动硬盘备份大量的数据。

④本机多硬盘备份。在本机内装有多块硬盘，利用除安装和运行操作系统和应用程序的一块或多块硬盘外的其余硬盘进行数据备份。

(二)数据备份的类型

按数据备份时数据库状态的不同可分为冷备份、热备份和逻辑备份等类型。

①冷备份(Cold backup)是指在关闭数据库的状态下进行的数据库完全备份。备份内容包括所有的数据文件、控制文件、联机日志文件、ini 文件等。因此，在进行冷备份时数据库将不能被访问，冷备份通常只采用完全备份。

②热备份(Hot backup)是指在数据库处于运行状态下，对数据文件和控制文件进行的备份。使用热备份必须将数据库运行在归档(Archive log)方式下，因此，在进行热备份的同时可以进行正常数据库的各种操作。

③逻辑备份是最简单的备份方法，可按数据库中某个表、某个用户或整个数据库进行导出。使用这种方法，数据库必须处于打开状态，而且如果数据库不是在 Restrict 状态将不能保证导出数据的一致性。

二、数据恢复

数据恢复是指将备份到存储介质上的数据再恢复到计算机系统中，它与数据备份是一个相反的过程。数据恢复措施在整个数据安全保护中占有相当重要的地位，因为它关系到系统在经历灾难后能否迅速恢复运行。通常，在遇到下列情况时应使用数据恢复功能进行数据恢复。

①当硬盘数据被破坏时。

②当需要查询以往年份的历史数据，而这些数据已从现系统上清除时。

③当系统需要从一台计算机转移到另一台计算机上运行时，可将使用的相关

数据恢复到新计算机的硬盘上。

(一)恢复数据时的注意事项

①由于恢复数据是覆盖性的,不正确地恢复可能破坏硬盘中的最新数据,因此在进行数据恢复时,应先将硬盘数据备份。

②进行恢复操作时,用户应指明恢复何年何月的数据。当开始恢复数据时,系统首先识别备份介质上标识的备份日期是否与用户选择的日期相同,如果不同将提醒用户更换备份介质。

③由于数据恢复工作比较重要,容易错把系统上的最新数据变成备份盘上的旧数据,因此应指定少数人进行此项操作。

④不要在恢复过程中关机、关电源或重新启动机器。

⑤不要在恢复过程中打开驱动器开关或抽出软盘、光盘,除非系统提示换盘。

(二)数据恢复的类型

一般来说,数据恢复操作比数据备份操作更容易出问题。数据备份只是将信息从磁盘复制出来,而数据恢复则要在目标系统上创建文件。在创建文件时会出现许多差错,如超过容量限制、权限问题和文件覆盖错误等。数据备份操作无须知道太多的系统信息,只需复制指定信息即可;而数据恢复操作则需要知道哪些文件需要恢复,哪些文件不需要恢复等。

数据恢复操作通常可分为三类:全盘恢复、个别文件恢复和重定向恢复。

①全盘恢复就是将备份到介质上的指定系统信息全部转储到它们原来的地方。全盘恢复一般应用在服务器发生意外灾难时导致数据全部丢失、系统崩溃或是有计划的系统升级、系统重组等,也称为系统恢复。

②个别文件恢复就是将个别已备份的最新版文件恢复到原来的地方。对大多数备份来说,这是一种相对简单的操作。个别文件恢复要比全盘恢复常用得多,利用网络备份系统的恢复功能,很容易恢复受损的个别文件(数据)。需要时只要浏览备份数据库或目录,找到该文件(数据),启动恢复功能,系统将自动驱动存储设备,加载相应的存储媒体,恢复指定文件(数据)。

③重定向恢复是将备份的文件(数据)恢复到另一个不同的位置或系统上去,而不是做备份操作时它们所在的位置。重定向恢复既可以是整个系统恢复,也可以是个别文件恢复。进行重定向恢复时需要慎重考虑,要确保系统或文件恢复后的可用性。

第六节　网络备份系统

一、单机备份和网络备份

数据备份对使用计算机的人来说并不陌生，每个人曾经都可能做过一些重要文件的备份。早期的数据备份通常是采用单个主机内置或外置的磁带机或磁盘机对数据进行冷备份。这种单机式备份在数据量不大、操作系统简单、服务器数量少的情况下，是一种既经济又简单、实用的备份手段。但随着网络技术的发展和广泛应用以及数据量爆炸式的增长，单机备份方式越来越不适应网络系统环境，产生了诸多不利，比如：第一，数据分散在不同机器、不同应用上，管理分散，安全得不到保障。第二，难以实现数据库数据的高效热备份。第三，备份时不能缺少维护人员，工作效率低。第四，存储介质管理难度大。第五，数据丢失现象难以避免。第六，灾难给系统重建和业务数据运作带来困难。

网络系统备份不仅可以备份系统中的数据，而且还可以备份系统中的应用程序、数据库系统、用户设置、系统参数等信息，以便迅速恢复整个系统。

网络系统备份是全方位、多层次的备份，但并非所有情况下都要备份系统信息，因为有些应用只需将系统中的重要数据进行备份即可。数据备份主要是进行系统中重要数据(特别是数据库)的备份。在备份过程中，如果只管理一台计算机，进行单机备份，那么备份事件就很简单。但如果管理多台计算机或一个网段，甚至整个企业网，备份就是一件非常复杂的事情。数据备份的核心是数据库备份，流行的数据库系统(如 Oracle、Sybase)均有自己的数据库备份工具，但它们不能实现自动备份，只能将数据备份到磁带机或硬盘上，而不能驱动磁带库等自动加载设备。采用具有自动加载功能的磁带库硬件产品与数据库在线备份功能的自动备份软件即可满足用户的要求。目前流行的备份软件都具有自动定时备份管理、备份介质自动管理、数据库在线备份管理等功能。

网络备份实际上不仅是指网络上各计算机的文件备份，而且包括了整个网络系统的一套备份体系。该体系包括文件备份和恢复、数据库备份和恢复，系统灾难恢复和备份任务管理等。

二、网络备份系统的组成

所有的数据可以备份到与备份服务器或应用服务器相连的一台备份介质中，

一个网络备份系统由目标、工具、存储设备和通道四个部件组成。

①目标是指被备份或恢复的系统。一个完整的自动备份系统，在目标中都要运行一个备份客户程序。该程序允许远程对目标进行相应的文件操作，这样可以实现集中式、全自动备份的功能。

②工具是执行备份或恢复任务的系统。工具提供一个集中管理控制平台，管理员可以利用该平台配置整个网络备份系统。

③存储设备就是备份的数据被保存的地方，通常有磁带、磁盘等。存储设备和工具可以在一台机器中，也可以在不同的机器中。其作用就是作为目标、工具与存储设备之间的逻辑通路，为备份数据或恢复数据提供通道。网络备份系统可实现备份和恢复两个过程。前者就是利用工具将目标备份到存储设备中；后者是利用工具将存储设备中的数据恢复到目标中。

一个完整的网络备份系统组成可包括备份计划、备份管理及操作员、网络管理系统、主机系统、目标系统、工具系统、存储设备及其启动程序、I/O 通道和外围设备等。实际的网络备份系统通常是由物理主机系统、逻辑主机系统、I/O 总线、外围设备、设备驱动程序、备份存储介质、备份计划文档、操作执行者、物理目标系统、逻辑目标系统、网络连接和网络协议等组成的。

三、网络备份系统方案

在谈到数据备份时，有人总认为只要将数据复制后保存起来，就可以确保数据的安全，其实这是对备份的误解，因为资料、数据的复制根本无法完成对历史记录的追踪，也无法留下系统信息，这样做只能是在系统完好的情况下，将部分数据进行恢复。

实际上，备份不仅只是对数据的保护，其最终目的是在系统遇到人为或自然灾难时，能够通过备份内容对系统进行有效恢复。所以，在考虑备份选择时，应该不仅只是消除传统输入复杂程序或手动备份的麻烦，更要能实现自动化及跨平台的备份，满足用户的全面需求。

因此，备份不等于单纯的复制，管理也是备份重要的组成部分。管理包括备份的可计划性、磁带机的自动化操作、历史记录的保存及日志记录等。正是有了这些先进的管理功能，在恢复数据时才能掌握系统信息和历史记录，使备份真正实现轻松和可靠。

一个完整的网络备份和灾难恢复方案应包括备份硬件、备份软件、备份计划和灾难恢复计划四个部分。

(一)备份硬件

一般说来,丢失数据有三种可能,即人为的错误、漏洞与病毒影响、设备失灵。目前比较流行的硬件备份解决方法包括硬盘存储、光学介质和磁带/磁带机存储备份技术。与磁带/磁带机存储技术和光学介质备份相比,硬盘存储所需费用是极其昂贵的。磁盘存储技术虽然可以提供容错性解决方案,但容错却不能抵御用户的错误和病毒。一旦两个磁盘在短时间内失灵,在一个磁盘重建之前,不论是磁盘镜像还是磁盘双工都不能提供数据保护。因此,在大容量数据备份方面,采用硬盘作为备份介质并不是最佳选择。与硬盘备份相比,虽然光学介质备份提供了比较经济的存储解决方案,但它们所用的访问时间要比硬盘多几倍,并且容量相对较小。当备份大容量数据时,所需光盘数量多,虽保存的时间较长,但整体可靠性较低。所以光学介质也不是大容量数据备份的最佳选择。利用磁带机进行大容量的信息备份具有容量大、可灵活配置、速度相对适中、介质保存长久(存储时间超过 30 年)、成本较低、数据安全性高、可实现无人操作的自动备份等优势。所以一般来说,磁带设备是大容量网络备份用户的主要选择。

(二)备份软件

可能大多数用户还没有意识到备份软件的重要性,其重要原因是许多人对备份知识和备份手段缺乏了解。他们所知道的备份软件无非是网络操作系统附带提供的备份功能,但对如何正确使用专业的备份软件却知之甚少。

备份软件主要分为两大类:一类是各个操作系统厂商在操作系统软件内附带的备份功能,如 NetWare 操作系统的 Backup 功能、NT 操作系统的 NT Backup 等;另一类是各个专业厂商提供的全面的专业备份软件,如 HP Open View Omni Back ll 和 CA 公司的 ARCServerlT 等。对于备份软件的选择,不仅要注重使用方便、自动化程度高,还要有好的扩展性和灵活性。同时,跨平台的网络数据备份软件能满足用户在数据保护、系统恢复和病毒防护等方面的支持。一个专业的备份软件配合高性能的备份设备,能够使遭损坏的系统迅速得以恢复。

(三)备份计划

灾难恢复的先决条件是要做好备份策略及恢复计划。日常备份计划描述每天的备份以什么方式进行、使用什么介质、什么时间进行以及系统备份方案的具体实施细则。在计划制订完毕后,应严格按照程序进行日常备份,否则将无法达到备份的目的。在备份计划中,数据备份方式的选择是主要的。目前的备份方式主要有完全备份、增量备份和差别备份。用户根据自身业务对备份内容和灾难恢复的要求,应该进行不同的选择,也可以将这几种备份方式进行组合应用,以得到更好的效果。

(四)灾难恢复计划

灾难恢复计划在整个备份中占有相当重要的地位。因为它关系到系统、软件与数据在经历灾难后能否快速、准确地恢复。全盘恢复一般应用在服务器发生意外灾难,导致数据全部丢失、系统崩溃或是有计划的系统升级、系统重组等情况,也称为系统恢复。此外,有些厂商还推出了拥有单键恢复功能的磁带机,只需用系统盘引导机器启动,将磁带插入磁带机,按动一个按键即可恢复整个系统。

第七节　数据容灾

一、数据容灾概述

(一)容灾系统和容灾备份

这里所说的"灾"具体是指计算机网络系统遇到的自然灾难(洪水、飓风、地震)、外在事件(电力或通信中断)、技术失灵及设备受损(火灾)等。容灾(或容灾备份)就是指计算机网络系统在遇到这些灾难时仍能保证系统数据的完整性、可用性和系统正常运行。

对于那些业务不能中断的用户和行业(如银行、证券、电信等),因为其关键业务的特殊性,必须有相应的容灾系统进行防护。保持业务的连续性是当今企业用户需要考虑的一个极为重要的问题,而容灾的目的就是保证关键业务的可靠运行。利用容灾系统,用户把关键数据存放在异地,当生产中心发生灾难时,备份中心可以很快将系统接管并运行起来。

从概念上讲,容灾备份是指通过技术和管理的途径,确保在灾难发生后,企事业单位的关键数据、数据处理系统和业务在短时间内能够恢复。因此,在实施容灾备份项目之前,企事业单位首先要分析哪些数据最重要,哪些数据要做备份、容灾,这些数据价值多少,再决定采用何种形式的容灾备份。

(二)数据容灾与数据备份的关系

许多用户对经常听到的数据容灾这种说法不理解,把数据容灾与数据备份等同起来,其实这是错误的,至少是不全面的。备份与容灾不是等同的关系,而是两个"交集",中间有大部分的重合关系。多数容灾工作可由备份来完成,但容灾还包括网络等其他部分,而且只有容灾才能保证业务的连续性。所以说,如果对容灾的要求高,仅仅依赖备份是不够的。数据容灾与数据备份的关系主要体现在以下几个方面。

1.数据备份是数据容灾的基础

数据备份是数据高可用性的一道安全防线，其目的是在系统数据崩溃时能够快速地恢复数据。虽然它也算一种容灾方案，但这样的容灾能力非常有限，因为传统的备份主要是采用数据内置或外置的磁带机进行冷备份，备份磁带同时也在机房中统一管理，一旦整个机房出现了灾难(如火灾、盗窃和地震等)，这些备份磁带也将随之销毁，所存储的磁带备份将起不到任何容灾作用。

2.容灾不是简单备份

容灾备份不等同于一般意义上的业务数据备份与恢复，数据备份与恢复只是容灾备份中的一部分。容灾备份系统还包括最大范围的容灾、最大限度地减少数据丢失、实时切换、短时间恢复等多项内容。可以说，容灾备份正在成为保护企事业单位关键数据的一种有效手段。容灾备份系统的核心技术是数据复制。真正的数据容灾就是要避免传统冷备份所具有的先天不足，要能在灾难发生时全面、及时地恢复整个系统。容灾按其能力的高低可分为多个层次，如国际标准 SHARE 78 定义的容灾系统有七个层次，从最简单的仅在本地进行磁带备份，到将备份的磁带存储在异地，再到建立应用系统实时切换的异地备份系统，恢复时间最少是几天或几小时，甚至到分钟级、秒级或零数据丢失等。

无论采用哪种容灾方案，数据备份还是最基础的，没有备份的数据，任何容灾方案都没有现实意义。但仅有备份是不够的，容灾也必不可少，容灾就是提供一个能防止各种灾难的计算机信息系统。

3.容灾不仅仅是一项技术，更是一项工程

目前很多客户还停留在对容灾技术的关注上，而对容灾的流程、规范及其具体措施还不太清楚，也从不对容灾方案的可行性进行评估，认为只要建立了容灾方案即可放心了，其实这是具有很大风险的。

(三)数据容灾的等级

设计一个容灾备份系统，需要考虑多方面的因素，如备份/恢复数据量的大小、应用数据中心和备援数据中心之间的距离和数据传输方式、灾难发生时所要求的恢复速度、备援中心的管理及投入等。根据这些因素和不同的应用场合，常见的容灾备份可分为以下四个等级。

1.第0级：本地复制、本地保存的冷备份

第0级容灾备份，实际上就是上面所指的数据备份。它的容灾恢复能力最弱，只在本地进行数据备份，并且备份的数据磁带保存在本地，没有送往异地。在这种容灾方案中，最常用的设备就是磁带机，当然根据实际需要既可以是手工加载磁带机,也可以是自动加载磁带机,如惠普 EH848B,可存储 6 TB 数据,可管理和硬件数据加密,满足绝大多数中小企事业单位乃至大型企事业单位的数据备份需求。

2. 第 1 级:本地复制、异地保存的冷备份

在本地将关键数据备份,然后送到异地保存,如交由银行保管。灾难发生后,按预定数据恢复程序恢复系统和数据。这种容灾方案也是采用磁带机等存储设备进行本地备份,同样还可以选择磁带库、光盘库等进行备份。

常见到一些公司为了避免备份磁带因机房安全问题而出现磁带被盗、被毁,把备份磁带特别是足月以上的备份磁带放入专门的保险柜,甚至租用银行的专门保险箱来存放这些备份磁带。但这还不能说是万无一失,原因就是一般这些保管磁带的地点与所在公司在同一城市中,万一出现了地震、战争之类的自然灾难,这些备份磁带还是难逃厄运。

3. 第 2 级:热备份站点备份

第 2 级是指在异地建立一个热备份点,通过网络进行数据备份,也就是通过网络以同步或异步方式,把主站点的数据复制到备份站点。备份站点一般只备份数据,不承担其他业务。当出现灾难时,备份站点接替主站点的业务,从而维护业务系统运行的连续性。这种异地远程数据容灾方案的容灾地点通常要选择在距离本地不小于 20 km 的范围,采用与本地磁盘阵列相同的配置,通过光纤以冗余方式接入到 SAN(存储区域网)网络中实现本地关键应用数据的实时同步复制。在本地数据及整个应用系统出现灾难时,系统至少在异地保存一份可用的关键业务的备份数据。该数据是本地数据的完全实时复制。对于较大的企事业单位网络来说,建立的数据容灾系统由主数据中心和备份数据中心组成。其中,主数据中心采用高可靠性集群解决方案设计,备份数据中心与主数据中心通过光纤相连接。数据存储在主数据中心的存储磁盘阵列中,同时,在异地备份数据中心配置相同结构的存储磁盘阵列和一台或多台备份服务器。通过专用的灾难恢复软件可以自动实现主数据中心的存储数据与备份数据中心数据的实时完全备份。在主数据中心,按照用户要求,还可以配置磁带备份服务器,用来安装备份软件和磁带库。备份服务器直接连接到存储阵列和磁带库,控制系统日常数据的磁带备份。两个数据中心利用它们之间的光传输设备,通过光纤组成光自愈环,可提供总共高达 80 Gb/s(保护)和 160 Gb/s(非保护)的通信带宽。

4. 第 3 级:活动互援备份

活动互援备份异地容灾方案与前面介绍的热备份站点备份方案差不多,其中的备份数据中心就是备援数据中心。不同的只是主、从系统的关系不再是固定的,

而是互为对方的备份系统。这两个数据中心系统分别在相隔较远的地方建立,它们都处于工作状态,并进行相互数据备份。当某个数据中心发生灾难时,另一个数据中心接替其工作任务。通常在这两个系统中的光纤设备连接中还提供冗余通道,以备工作通道出现故障时及时接替工作。当然,采取这种容灾方式的主要是资金实力较为雄厚的大型企事业单位。该级别的容灾备份根据实际要求和投入资金的多少,可有两种实现形式:①两个数据中心之间只限于关键数据的相互备份;②两个数据中心之间互为镜像。

两个数据中心之间互为镜像可做到零数据丢失,这是目前要求最高的一种容灾备份方式。它要求不管什么灾难发生,系统都能保证数据的安全。所以,它需要配置复杂的管理软件和专用的硬件设备,需要的投资相对是最大的,但恢复速度也是最快的。以上第 2 级、第 3 级两种热备份方式不再是传统的磁带冷备份方式,而是通过 SAN 等先进的通道技术,把服务器数据同步或异步存储在远程专用存储设备上。在这两种热备份容灾方案中,主要的备份设备包括磁盘阵列、光纤交换机或磁盘机等。

(四)容灾系统

容灾系统包括数据容灾和应用容灾两部分。数据容灾可保证用户数据的完整性、可靠性和一致性,但不能保证服务不被中断。应用容灾是在数据容灾的基础上,在异地建立一套完整的、与本地生产系统相当的备份应用系统,在灾难情况下,远程系统迅速接管业务运行,提供不间断的应用服务,让客户的服务请求能够继续。可以说,数据容灾是系统能够正常工作的保障;而应用容灾则是容灾系统建设的目标,它是建立在可靠的数据容灾基础上,通过应用系统、网络系统等各种资源之间的良好协调来实现的。

1.本地容灾

本地容灾的主要手段是容错。容错的基本思想就是利用外加资源的冗余技术达到屏蔽故障、自动恢复系统或安全停机的目的,容错是以牺牲外加资源为代价提高系统可靠性的。外加资源的形式很多,主要有硬件冗余、时间冗余、信息冗余和软件冗余。容错技术的使用使得容灾系统能恢复大多数的故障,然而当遇到自然灾害及战争等意外时,仅采用本地容灾技术并不能满足要求,这时应考虑采用异地容灾保护措施。

在系统设计中,企业一般考虑做数据备份和采用主机集群的结构,因为它们能解决本地数据的安全性和可用性。目前人们所关注的容灾,大部分也都只是停留在本地容灾的层面上。

2. 异地容灾

异地容灾是指在相隔较远的异地，建立两套或多套功能相同的系统。当主系统因意外原因停止工作时，备用系统可以接替工作，保证系统的不间断运行。异地容灾系统采用的主要方法是数据复制，目的是在本地与异地之间确保各系统关键数据和状态参数的一致。异地容灾系统具备应对各种灾难特别是区域性与毁灭性灾难的能力，具备较为完善的数据保护与灾难恢复功能，保证灾难降临时数据的完整性及业务的连续性，并在最短时间内恢复业务系统的正常运行，将损失降到最小。其系统一般由生产系统、可接替运行的后备系统、数据备份系统、备用通信线路等部分组成。在正常生产和数据备份状态下，生产系统向备份系统传送需备份的数据。灾难发生后，当系统处于灾难恢复状态时，备份系统将接替生产系统继续运行。此时重要营业终端用户将从生产主机切换到备份中心主机，继续对外营业。

从广义上讲，任何提高系统可用性的努力都可称为容灾。但是现在人们谈及容灾往往只是针对本地容灾而言的。但对企业来讲，仅有本地容灾是远远不够的，更多的应是异地容灾。因此，一套完整的容灾方案应该包括本地容灾系统和异地容灾系统。另外，容灾系统还必须要有有效的管理机制。

二、数据容灾技术

(一)容灾技术概述

容灾系统的核心技术是数据复制，目前主要有同步数据复制和异步数据复制两种。同步数据复制是指通过将本地生产数据以完全同步的方式复制到异地，每一个本地 I/O 交易均需等待远程复制的完成方予以释放。异步数据复制是指将本地生产数据以后台方式复制到异地，每一个本地 I/O 交易均正常释放，无须等待远程复制的完成。数据复制对数据系统的一致性和可靠性以及系统的应变能力具有举足轻重的作用，它决定着容灾系统的可靠性和可用性。对数据库系统可采用远程数据库复制技术实现容灾，这种技术是由数据库系统软件实现数据库的远程复制和同步的。基于数据库的复制方式可分为实时复制、定时复制和存储转发复制，并且在复制过程中，还有自动冲突检测和解决的手段，以保证数据的一致性不受破坏。

远程数据库复制技术对主机的性能有一定影响，可能增加对磁盘存储容量的需求，但系统运行恢复较简单，实时复制方式使数据一致性较好，所以对于一些对数据一致性要求较高、数据修改更新较频繁的应用，可采用基于数据库的容灾备份方案。

目前,业内实施比较多的容灾技术是基于智能存储系统的远程数据复制技术。它使智能存储系统自身实现数据的远程复制和同步,即智能存储系统将对本系统中的存储器 I/O 操作请求复制到远端的存储系统中并执行,以保证数据的一致性,还可以采用基于逻辑磁盘卷的远程数据复制技术进行容灾。这种技术就是将物理存储设备划分为一个或者多个逻辑磁盘卷(Volume),便于数据的存储规划和管理。逻辑磁盘卷可理解为在物理存储设备和操作系统之间增加一个逻辑存储管理层。基于逻辑磁盘卷的远程数据复制是指根据需要将一个或多个磁盘卷进行远程同步或异步复制。该方案通常通过软件来实现,基本配置包括卷管理软件和远程复制控制管理软件。由于逻辑磁盘卷的远程数据复制是基于逻辑存储管理技术,一般与主机系统、物理存储系统设备无关,对物理存储系统自身的管理功能要求不高,有较好的可管理性。在建立容灾备份系统时会涉及多种技术,具体有 SAN 和 NAS 技术、远程镜像技术、虚拟存储技术、基于 IP 的 SAN 的互联技术、快照技术等。

(二)SAN 和 NAS 技术

SAN(Storage Area Network,存储区域网)提供一个存储系统、备份设备和服务器相互连接的架构。它们之间的数据不在以太网上流通,从而大大提高了以太网的性能。由于存储设备与服务器完全分离,用户获得一个与服务器分开的存储管理理念。复制、备份、恢复数据和安全的管理可以以中央的控制和管理手段进行,加上把不同的存储池以网络方式连接,用户可以用任何需要的方式访问他们的数据,并获得更高的数据完整性。

NAS(Network Attached Storage,网络附加存储)使用了传统以太网和 IP 协议,当进行文件共享时,则利用 NFS 和 CIFS(Common Inteniet File System)沟通 Windows 和 UNIX 系统。由于 NFS 和 CIFS 都是基于操作系统的文件共享协议,所以 NAS 的性能特点是进行小文件级的共享存取。SAN 以光纤通道交换机和光纤通道协议为主要特征的本质决定了它在性能、距离、管理等方面的诸多优点。而 NAS 的部署非常简单,只需与传统交换机连接即可;NAS 的成本较低,因为它的投资仅限于一台 NAS 服务器,而不像 SAN 是整个存储网络,同时,NAS 服务器的价格往往是针对中小企业定位的;NAS 服务器的管理也非常简单,它一般都支持 Web 的客户端管理,对熟悉操作系统的网络管理人员来说,其设置既熟悉又简单。概括来说,SAN 对于高容量块状级数据传输具有明显的优势,而 NAS 则更加适合文件级别上的数据处理。SAN 和 NAS 实际上也是能够相互补充的存储技术。

SAN 的高可用性是基于它对灾难恢复、在线备份能力和对冗余存储系统和数据的时效切换能力。NAS应用成熟的网络结构提供快速的文件存取和高可用性、数据复制等功能可以保护和提供稳固的文件级存储。

(三)远程镜像技术

远程镜像技术用于主数据中心和备援数据中心之间的数据备份。两个镜像系统一个叫主镜像系统,另一个叫从镜像系统。按主、从镜像存储系统所处的位置可分为本地镜像和远程镜像。远程镜像又叫远程复制,是容灾备份的核心技术,同时也是保持远程数据同步和实现灾难恢复的基础,远程镜像按请求镜像的主机是否需要远程镜像站点的确认信息,又可分为同步远程镜像和异步远程镜像。同步远程镜像(同步复制技术)是指通过远程镜像软件,将本地数据以完全同步的方式复制到异地,每一个本地的I/O事务均需等待远程复制的完成确认信息,方可予以释放。同步镜像使远程复制总能与本地机要求复制的内容相匹配。当主站点出现故障时,用户的应用程序切换到备份的替代站点后,被镜像的远程副本可以保证业务继续执行而没有数据的丢失。但同步远程镜像系统存在往返传输造成延时较长的缺点,因此只限于在相对较近的距离间应用。

异步远程镜像(异步复制技术)保证在更新远程存储视图前完成向本地存储系统的基本I/O操作,而由本地存储系统提供完成确认信息给请求镜像主机的I/O操作。远程的数据复制是以后台同步方式进行的,这使本地系统性能受到的影响很小,传输距离远(可达1000 km以上),对网络带宽要求低。但是,许多远程的从属存储子系统的写操作尚未得到确认,此时某种因素造成数据传输失败时,可能会出现数据的不一致性问题。为了解决这个问题,目前大多采用延迟复制的技术,即在确保本地数据完好无损后进行远程数据更新。

(四)快照技术

远程镜像技术往往同快照技术结合起来实现远程备份,即通过镜像把数据备份到远程存储系统中,再用快照技术把远程存储系统中的信息备份到远程的磁带库、光盘库中。快照是通过软件对要备份的磁盘子系统的数据快速扫描,建立一个要备份数据的快照逻辑单元号(LUN)和快照Cache。在快速扫描时,把备份过程中即将要修改的数据块同时快速复制到快照Cache中。快照LUN是一组指针,它指向快照Cache和磁盘子系统中不变的数据块(在备份过程中)。在正常业务进行的同时,利用快照LUN实现对原数据的一个完全备份。它可使用户在正常业务不受影响的情况下,实时提取当前在线业务数据。其“备份窗口”接近于零,可大大增加系统业务的连续性,为实现系统真正的7×24小时运转提供了保证。

(五)互联技术

早期的主数据中心和备份数据中心之间的数据备份,主要是基于SAN的远程复制(镜像),即通过光纤通道把两个SAN连接起来,进行远程镜像(复制)。当灾难发生时,由备份数据中心替代主数据中心保证系统工作的连续性。这种远程容灾备份方式存在一些缺陷,如实现成本高、设备的互操作性差、跨越的地理距离短(10 km)等,这些因素阻碍了它的进一步推广和应用。

目前,出现了多种基于IP的SAN的远程数据容灾备份技术。它们是利用基于IP的SAN的互联协议,将主数据中心SAN中的信息通过现有的TCP/IP网络,远程复制到备份中心SAN中。当备份中心存储的数据量过大时,可利用快照技术将其备份到磁带库或光盘库中。这种基于IP的SAN的远程容灾备份,可以跨越LAN、MAN和WAN,其成本低、扩展性好,具有广阔的发展前景。基于IP的互联网协议有FCIP、iFCP、In－finiband、iSCSI等。

(六)虚拟存储技术

在有些容灾方案中,还采取了虚拟存储技术,如西瑞异地容灾方案。虚拟化存储技术在系统弹性和可扩展性方面开创了新的局面。它将几个IDE或SCSI驱动器等不同的存储设备串联成一个存储器池。存储器池的整个存储容量可以分为多个逻辑卷,并作为虚拟分区进行管理。存储由此成为一种功能而非物理属性,而这正是基于服务器的存储结构存在的主要限制。

虚拟存储系统还提供了动态改变逻辑卷大小的功能。事实上,存储卷的容量可以在线随意增加或减少,可以通过在系统中增加或减少物理磁盘的数量来改变集群中逻辑卷的大小。这一功能允许卷的容量随用户的即时要求而动态改变。另外,存储卷能够很容易地改变容量、移动和替换。安装系统时,只需为每个逻辑卷分配最小的容量,并在磁盘上留出剩余的空间。随着业务的发展,可利用剩余空间根据需要扩展逻辑卷,也可以将数据在线从旧驱动器转移到新的驱动器上,而不中断正常服务的运行。存储虚拟化的一个关键优势是它允许异构系统和应用程序共享存储设备,而不管它们位于何处。系统将不再需要在每个分部的服务器上都连接一台磁带设备。

第四章　数据挖掘的发展趋势和安全隐私

第一节　挖掘复杂的数据类型

一、挖掘序列数据

序列是事件的有序列表。根据事件的特征，序列数据可以分成三类：①时间序列数据；②符号序列数据；③生物学序列。

在时间序列数据(time—series data)中，序列数据由相等时间间隔(例如，每分钟、每小时或每天)记录的数值数据的长序列组成。时间序列数据可以被许多自然或经济过程产生，如股票市场、科学、医学或自然观测。

符号序列数据(symbolic sequence data)由事件或标称数据的长序列组成，通常不是相等的时间间隔观测。对于许多这样的序列，间隙(即记录的事件之间的时间间隔)无关紧要。例如包括顾客购物序列、Web 点击流以及科学和工程、自然和社会发展的事件序列。

生物学序列(biological sequence)包括 DNA 序列和蛋白质序列。这种序列通常很长，携带重要的、复杂的、隐藏的语义。这里，间隙通常是重要的。

(一)时间序列数据的相似性搜索

时间序列数据集包含不同时间点重复测量得到的数值序列。通常，这些值在相等时间间隔(例如，每分钟、每小时或每天)测量。时间序列数据库在许多应用都很普遍，如股票市场分析、经济和销售预测、预算分析、效用研究、库存研究、产出预测、工作量预测和过程与质量控制。对于研究自然现象(例如，大气、温度、风、地震)、科学与工程实验、医疗处置等也是有用的。

与一般的数据查询找出严格匹配查询的数据不同，相似性搜索找出稍微不同于给定查询序列的数据序列。许多时间序列的相似性查询都要求子序列匹配，即找出包含与给定查询序列相似的子序列的数据序列的集合。

对于相似性搜索，通常需要先对时间序列数据进行数据或维度归约和变换。典型的维归约技术包括：①离散傅里叶变换(DFT)；②离散小波变换(DWT)；③基于主成分分析(PCA)的奇异值分解(SVD)。使用这些技术,数据或信号被映射到变换后的空间,保留一小组“最强的”变换后的系数作为特征。

这些特征形成特征空间,它是变换后的空间的投影。可以在原数据或变换后的时间序列数据上构建索引,以加快搜索速度。对于基于查询的相似性搜索,技术包括规范化变换、原子匹配(即找出相似的、短的、无间隙窗口对)、窗口缝合(即缝合相似的窗口,形成大的相似序列,允许原子匹配之间有间隙)以及子序列排序(即对子序列匹配线性排序,确定是否存在足够相似的片段)。关于时间序列数据的相似性搜索,存在大量软件包。

最近,研究人员提出把时间序列数据变换成逐段聚集近似,使得时间序列数据可以看作符号表示的序列。然后,相似性搜索问题变换成在符号序列数据中匹配子序列的相似性搜索。可以识别基本模式(即频繁出现的序列模式),并为基于这种基本模式的有效搜索构建索引和散列机制。实验表明,这种方法快速、简单,并且与 DFT、DWT 和其他维归约方法相比,搜索质量相当。

(二)时间序列数据的回归和趋势分析

在统计学和信号处理中,时间序列数据的回归分析已经作了大量研究。然而,对于许多实际应用而言,可能需要超越纯粹的回归,需要进行趋势分析。趋势分析是一个集成模型,使用如下四种主要成分或趋势刻画时间序列数据:

①趋势或长期动向(trend or long－term movement):指出时间序列随时间运动的大体方向。

②周期动向(cycle movement):这是趋势线或曲线的长期波动。

③季节变化(seasonal variation):指几乎相同的模式出现于相继年份的对应季节,如节日购物季节。为了有效地趋势分析,数据通常需要根据自相关计算的季节指数进行“去季节化”。

④随机动向(random movement):由于劳务争议或公司内部宣布的人事变化等偶然事件导致的随机变化。

趋势分析也可以用于时间序列预测,即找出一个数学函数,它近似地产生时间序列的历史模式,并使用它对未来的数据进行长期或短期预测。自动回归集成的移动平均(Auto－Regressive Integrated Moving Average)ARIMA,长记忆时间序列建模(long－memory time－series modelong)和自回归(autoregression)都是用于这种分析的流行系统。

(三)符号序列中的序列模式挖掘

符号序列由元素或事件的有序集组成,记录或未记录具体时间。许多应用都涉及符号序列数据，如顾客购物序列、Web点击流序列、程序执行序列、生物学序列、科学与工程和自然与社会发展的事件序列。因为生物学序列携带了非常复杂的语义，提出了许多挑战性研究问题，因此这种研究大部分都在生物信息学领域进行。

序列模式挖掘广泛的关注挖掘符号序列模式。序列模式是一个存在于单个序列或一个序列集中的频繁子序列。序列模式挖掘是挖掘在一个序列或序列集中频繁的子序列。作为该领域广泛研究的结果，已经开发了许多可伸缩的算法。或者，可以只挖掘闭序列模式的集合，其中一个序列模式s是闭的，如果不存在序列模式s′，使得s是s′的真子序列，并且s′与s具有相同（频度）支持度。类似于对应的频繁模式挖掘，还有一些有效地挖掘多维、多层序列模式的研究。

与基于约束的频繁模式挖掘一样，用户指定的约束可以用来缩小序列模式挖掘的搜索空间，只导出用户感兴趣的模式，这称为基于约束的序列模式挖掘。此外，还可以对序列模式挖掘问题放宽或施加额外的约束，以便从序列数据导出不同类型的模式。例如，可以强化间隙约束，使得导出的模式只包含连续的子序列或具有很小间隙的子序列。或者，也可以通过把事件折叠到合适的窗口中导出周期序列，在这些窗口中发现循环子序列。另一种方法通过放宽序列模式挖掘中的严格序列的要求，导出偏序模式。除了挖掘偏序模式外，序列模式挖掘方法还可以扩展，挖掘树、格、情节和其他有序模式。

(四)序列分类

大部分分类方法都基于特征向量构建模型。然而，序列没有明显的特征。即便使用复杂的特征选择技术，可能的特征维度也非常高，并且序列特征的性质也很难捕获。这使得序列分类成为一项具有挑战性的任务。

序列分类方法可以分成三类：①基于特征的分类，它们把序列转换成特征向量，然后使用传统的分类方法；②基于序列距离的分类，其中度量序列之间相似性的距离函数决定分类的质量；③基于模型的分类，如使用隐马尔可夫模型（HMM）或其他统计学模型来对序列分类。

对于时间序列或其他数值数据，用于符号序列的特征选择技术不能用于非离散化的时间序列数据。然而，离散化可能导致信息损失。最近提出的时间序列shapelets方法用最能表示类的时间序列子序列为特征，取得了高质量的分类结果。

(五)生物学序列比对

生物学序列通常是指核苷酸或氨基酸序列。生物学序列分析比较、比对、索引和分析生物学序列，因而在生物信息学和现代生物学中起着至关重要的作用。

序列比对(sequence alignment)基于如下事实:所有活的生物体都是进化相关的。这意味着进化中相近物种的核苷酸(DNA、RNA)和蛋白质序列应该表现出更多的相似性。比对(alignment)是对序列排列以便获取最大程度的一致性,它也表示序列之间的相似程度。两个序列是同源的(homologous),如果它们具有共同的祖先。通过序列比对得到的相似性在确定两个序列同源的可能性时是很有用的。这样的比对也有助于确定多个物种在进化树中的相对位置,这种进化树称为种系发生树(phylogenetic tree)。

生物序列比对的问题可以描述如下:对于给定的两个或多个输入生物序列,识别具有长保守子序列的相似序列。如果比对的序列个数恰为2,则称该问题为双序列比对(pairwise sequence alignment);否则,多序列比对(multiple sequence alignment)。待比较和比对的序列可以是核苷酸(DNA/RNA)或氨基酸(蛋白质)。对于核苷酸来说,如果两个符号相同,则它们对齐。然而,对于氨基酸来说,如果两个符号相同,或者一个可以通过可能自然出现的替换从另一个得到,则它们对齐。有两种比对:局部比对和全局比对。前者意味着仅有部分序列进行比对,而后者需要在序列的整个长度上进行比对。

对于核苷酸或氨基酸来说,插入、删除和置换在自然界以不同的概率出现。置换矩阵用于描述核苷酸或氨基酸的置换概率和插入、删除概率。通常,使用间隔符表示最好不要比对两个符号的位置。为了评估比对的质量,通常需要定义一个评分机制,它通常将相同或相似的符号计为正得分,同时将间隔符记为负得分。得分的代数和作为比对的度量。比对的目标就是在所有可能比对中获取最大得分。然而,找到最佳比对的代价是昂贵的(更确切地说,是一个NP困难问题)。因此,开发了不同的启发式方法,用于找到次优比对。

动态规划方法通常用于序列比对。在许多可用的分析软件包中,基本局部比对搜索工具(Basic Local Alignment Search Tool,BLAST)是最流行的生物学序列分析工具之一。

(六)生物学序列分析的隐马尔可夫模型

给定一个生物学序列,生物学家想要分析该序列代表什么。为了表示序列的结构或统计规律,生物学家构造各种概率模型,如马尔可夫链和隐马尔可夫模型。在这两种模型中,一个状态的概率仅依赖于前一个状态。因此,它们对生物学序列数据分析特别有用。构建隐马尔可夫模型最常用的方法是前向算法、Viterbi算法和Baum－Welch算法。给定一个符号序列x,前向算法找出在该模型中得到x的概率,Viterbi 算法找出通过模型的最可能路径对应于 x,而 Baum－Welch 算法则学习或调整模型的参数,以最好地解释训练序列集。

二、挖掘网络

(一)网络的统计建模

网络由一个节点集和一个连接这些节点的边(或链接)集组成;每个节点对应于一个对象,与一组性质相关联;边表示对象之间的联系。一个网络是同质的,如果所有的节点和边都具有相同的类型,如朋友网络、合著者网络和网页网络。一个网络是异质的,如果节点和边具有不同类型,如发表物网络(把作者、引文、论文和内容链接在一起)和卫生保健网络(把医生、护士、患者和处置链接在一起)。

研究人员已经为同质网络提出了多种统计模型。最著名的生成模型是随机图模型(Erdos－Renyi 模型)、Watts－Strogatz 模型和无标度模型。无标度模型假定网络服从指数分布定律(又称为 Par 伽分布或重尾分布)。在大部分大型社会网络中都观察到小世界现象(small－world phenomenon),即网络可以刻画为对于一小部分节点具有高度局部聚类(即这些节点相互连接),而这些节点与其余节点的分割度没有多少。

社会网络展示了某些进化特征。它们趋向于遵守稠化幕律(densification power law),即网络随着时间推移变得越来越稠密。收缩直径是另一个特征,即随着网络的增长,有效直径通常会减小。节点的出度和入度通常服从重尾分布。

(二)通过网络分析进行数据清理、集成和验证

现实世界中的数据常常是不完整的、含噪声的、不确定的和不可靠的。在大型网络中,互连的多个数据片段之间可能存在信息冗余。通过网络分析,可以探查这种网络中的信息冗余,以进行高质量的数据清理、数据集成、信息验证和可信性分析。例如,可以通过考察与其他异种对象(如合著者、发表物和术语)的网络连接来区别姓名相同的作者。此外,可以通过考察基于多个书籍销售商提供的作者信息建立的网络,识别书籍销售商提供的不准确的作者信息。

在这个方向,已经开发了复杂的信息网络分析方法,并且在许多情况下,部分数据充当“训练集”。也就是说,来自多个信息提供者的相对清洁、可靠的数据或一致的数据可以用来帮助加固其余的、不可靠的数据。这降低了手动标记数据和在大量的、动态的实际数据上的训练代价。

(三)图和同质网络的聚类与分类

大型图和网络具有内聚结构,通常隐藏在大量互连的节点和链接中。已经开发了大型网络上的聚类分析方法,以揭示网络结构,基于网络的拓扑结构和它们相关联的性质发现隐藏的社区、中心和离群点。已经开发了各种类型的网络聚类方法,可以把它们分为划分的、层次的或基于密度的。此外,给定由人标记的训练数据,可以用人指定的启发式约束指导网络结构的发现。在数据挖掘研究领域中,网络的监督分类和半监督分类是当前的热门课题。

(四)异质网络的聚类、秩评定和分类

异质网络包含不同类型的互联的节点和链接。这种互联结构包含丰富的信息,可以用来相互加强节点和链接,从一种类型到另一种类型传播知识。这种异质网络的聚类和秩评定可以在如下情境下携手并进:在簇的内聚性评估方面,簇中高秩的节点/链接可比较低秩的节点/链接贡献更大。聚类可以帮助加强对象/链接贡献给簇的高的秩评定。这种秩评定和聚类的相互加强推动了一种称为RankChis算法的开发。此外,用户可以制定不同的秩评定规则或为某种类型的数据提供标记的节点/链接。一种类型的知识可以传播到另一种类型。这种传播经由异种类型的链接到达相同类型的节点/链接。已经开发了在异质网络中进行监督学习和半监督学习的算法。

(五)信息网络中的角色发现和链接预测

在异质网络的不同节点/链接之间可能存在许多隐藏的角色或联系。例如科研发表物网络中的导师—学生、领导—下属联系。为了发现这种隐藏的角色或联系,专家可以基于他们的背景知识制定一些约束。强化这种约束可能有助于大型互联网络中的交叉检查和验证。网络中的冗余信息常常可以用来清除不满足这些约束的对象/链接。

类似地,可以基于对候选节点/链接之间的期望联系的秩评定的估计进行链接预测。例如,可以基于作者发表论文的历史和类似课题的研究趋势,预测作者可能写、读或引用哪篇论文。这种研究一般要分析网络节点/链接的邻近性和趋势以及它们类似近邻的连接性。粗略地说,人们把链接预测看作链接挖掘。然而,链接挖掘还涵盖其他任务,包括基于链接对象分类、对象类型预测、链接类型预测、链接存在性预测、链接基数估计和对象一致性(预测两个对象是否事实上相同)。它还包括分组预测(对对象聚类)以及子图识别(发现网络中的典型子图)和元数据挖掘(发现无结构数据的模式类型信息)。

(六)信息网络中的相似性搜索和OLAP

相似性搜索是数据库和Web搜索引擎中的基本操作。混杂信息网络由多种类型的、互联的对象组成。例如文献网络和社会媒体网络,这两个对象被视为相似的,它们以类似的方式与多种类型的对象链接。一般而言,网络中对象的相似性可以基于网络结构、对象性质和使用的相似性度量确定。此外,网络聚类和层次网络结构有助于组织网络对象和识别子社区,还有利于相似性搜索。此外,相似性定义可能因用户而异。通过考虑不同的链接路径,可以得到网络中不同的相似性语义,这称为基于用户的相似性。

通过基于相似性和簇组织网络,可以产生网络中的多种层次结构,可以进行联机分析处理(OLAP)。例如,可以基于不同的抽象层和不同的视角,在信息网络上下钻和切块。OLAP可能产生多个相互关联的网络,这种网络之间的联系可能揭示有趣的隐藏语义。

(七)社会与信息网络的演变

网络动态的持续演变。检测同质或异质网络中的演变社区和演变规律或异常可以帮助人们更好地理解网络的结构演变,预测演变网络中的趋势和不规则性。对于同质网络,所发现的演变社区是由相同类型的对象组成的子网络,如朋友或合著者的集合。然而,对于异质网络,所发现的社区由不同类型的对象的子网络组成,如有联系的论文、作者、发表物和术语的集合。由此,也可以对每种类型导出演变对象的集合,如演变的作者和主题。

三、挖掘其他类型的数据

除序列和图外,还有许多其他类型的半结构或无结构数据,如时空数据、多媒体数据和超文本数据,它们都有有趣的应用。这些数据携带各种语义,或者存储在系统中,或者动态地流经系统,并且需要专门的数据挖掘方法。因此,挖掘多种类型的数据,包括空间数据、时空数据、物联网系统数据、多媒体数据、文本数据、Web数据和数据流是数据挖掘日趋重要的任务。

(一)挖掘空间数据

空间数据挖掘从空间数据中发现模式和知识。在许多情况下,空间数据是指存放在地理数据库中与地球空间有关的数据。这种数据可以是“向量”或“光栅”格式,或者是成像和地理参照的多媒体格式。最近,通过集成多个数据源的主题和地理参照数据,已经构建了大型地理数据仓库。由此,可以构建包含空间维和度量,支持多维空间数据分析的空间 OLAP 操作空间的数据立方体。空间数据挖掘可以在空间数据仓库、空间数据库和其他地理空间数据库上进行。地理知识发现和空间数据挖掘的一般主题包括挖掘空间关联和协同定位模式、空间聚类、空间分类、空间建模和空间趋势和离群点分析。

(二)挖掘时空数据和移动对象

时空数据是与时间和空间都相关的数据。时空数据挖掘是指从时空数据中发现模式和知识的过程。时空数据挖掘的典型例子包括发现城市和土地的演变历史、发现气象模式、预测地震和飓风、确定全球变暖趋势。考虑到手机、GPS 设备、基于 Internet 的地图服务、气象服务、数字地球以及人造卫星、RFID、传感器、无线电和视频技术的流行,时空数据挖掘正变得日趋重要并且具有深远影响。

在多种时空数据中,移动对象数据(即关于移动对象的数据)特别重要。例如,动物学家把遥感设备安装在野生动物身上,以便分析生态行为;机动车辆管理者把 GPS 安装在汽车上,以便更好地监管和引导车辆;气象学家使用人造卫星和雷达观察飓风。巨大规模的移动对象数据正变得丰富、复杂和无处不在。移动对象数据挖掘的例子包括多移动对象的运动模式(即多个移动对象之间联系的发现,如移动的簇、领头者和追随者、合并、运输、成群移动,以及其他集体运动模式)。移动对象数据挖掘的其他例子包括挖掘一个或一组移动对象的周期模式、聚类、模型和离群点。

(三)挖掘信息物理系统数据

典型的信息物理系统(Cyber－Physical System,CPS)由大量相互作用的物理和信息部件组成。CPS 系统可以是互联的,以便形成大的异构的信息物理网络。信息物理网络的例子包括:患者护理系统,它把患者监护系统与患者/医疗信息网络和应急处理系统相连接;运输系统,它把由许多传感器和视频摄像头组成的交通监控网络与交通信息与控制系统相连接;战地指挥系统,它连接传感器/侦察网络和战场信息分析系统。显然,信息物理系统和网络将无处不在,将成为现代信息基础设施的关键组成部分。

集成在信息物理系统中的数据是动态的、易变的、含噪声的、不一致的和相互依赖的,包含丰富而复杂的信息,并且对于实时决策是至关重要的。与典型的时空数据挖掘相比,挖掘物联数据需要把当前环境与大型信息库相联系,进行实时计算并准时返回响应。该领域的研究包括 CPS 数据流中稀有事件检测和异常分析,CPS 数据分析的可靠性和可信性,信息物理网络中有效的时空数据分析以及数据流挖掘与实时自动控制过程的集成。

(四)挖掘多媒体数据

多媒体数据挖掘是从多媒体数据库中发现有趣的模式。多媒体数据库存储和管理大量多媒体对象,包括图像数据、视频数据、音频数据以及序列数据和包含文本、文本标记和链接的超文本数据。多媒体数据挖掘是一个交叉学科领域,涉及图像处理和理解、计算机视觉、数据挖掘和模式识别。多媒体数据挖掘的问题包括基于内容的检索和相似性搜索、泛化和多维分析。多媒体数据立方体包含关于多媒体信息的附加的维和度量,多媒体挖掘的其他课题包括分类和预测分析、挖掘关联、可视和听觉数据挖掘。

(五)挖掘文本数据

文本挖掘是一个交叉学科领域,涉及信息检索、数据挖掘、机器学习、统计学和计算语言学。大量信息都以文本形式存储,如新闻稿件、科技论文、书籍、数字图书馆、E－mail 消息、博客和网页。因此,文本挖掘研究非常活跃,其重要目标是从文本中导出高质量的信息。通常,这通过诸如统计模式学习、主题建模和统计学语言建模等手段发现模式和趋势实现。文本挖掘通常需要对输入文本结构化。随后,在结构化的数据中导出模式,并且评估和解释输出。文本挖掘的“高质量”通常是指相关性、新颖性和有趣性。

典型的文本挖掘任务包括文本分类、文本聚类、概念/实体提取、分类系统产生、观点分析、文档摘要、实体关系建模。例如多语言数据挖掘、多维文本分析、上下文文本挖掘、文本数据的信任和演变分析以及文本挖掘在安、全、生物医学文献分析、在线媒体分析、客户关系管理方面的应用,在学院、开源论坛和业界都有各种类型的文本挖掘与分析软件和工具可供使用。文本挖掘还常常使用 WordNet、Sematic Web、Wikipedia 和其他信息源,以增强文本数据的理解和挖掘。

(六)挖掘 Web 数据

对于新闻、广告、消费信息、财经管理、教育、行政管理和电子商务来说,万维网是一个巨大的、广泛分布的全球信息中心。它包含丰富、动态的信息,涉及带有超文本结构和多媒体的网页内容、超链接信息、访问和使用信息,为数据挖掘提供了丰富的资源。Web 挖掘是数据挖掘技术的应用,从 Wcb 中发现模式、结构和知识。根据分析目标,Web 挖掘可以划分成三个主要领域:Web 内容挖掘、Web 结构挖掘和 Web 使用挖掘。

Web 内容挖掘分析诸如文本、多媒体数据和结构数据(网页内或链接的网页间)等Web内容，以便理解网页内容，提供可伸缩的和富含信息的基于关键词的页面索引、实体/概念分辨、网页相关性和秩评定、网页内容摘要以及与Web搜索和分析有关的其他有价值的信息，网页可能驻留在表层网(surface web)或深层网(deep web)中。表层网是万维网的一部分，可以由典型的搜索引擎索引。深层网(或隐藏网)是指万维网的内容，它不是表层网的一部分，它的内容由基础数据库引擎提供。

Web内容挖掘已经被研究人员、Web搜索引擎和其他Web服务公司广泛研究。Web内容挖掘可以为个人构建跨越多个网页的链接，因此有可能泄露个人信息。保护个人隐私的数据挖掘研究设法解决这一问题，开发保护个人网上隐私的技术。

Web结构挖掘使用图和网络挖掘的理论和方法分析网上的节点和链接结构。它由网上的超链接提取模式，其中超链接是一种结构化成分，它把一个网页连接到另一个位置。它还可以挖掘页面内文档结构(例如，分析页面结构的树状结构，描述HTML或XML标签用法)。两种Web结构挖掘都有助于理解Web内容，并且还可能帮助把Web内容转换成相对结构化的数据集。

Web使用挖掘是从服务器日志中提取有用的信息(如用户点击流)的过程。它发现与一般或特定用户组群有关的模式，理解用户的搜索模式、趋势和关联，预测什么用户正在因特网上搜寻。这既有助于提高搜索效率和效果，也有助于在正确的时间向不同用户组群推销产品或相关信息。Web搜索公司例行地进行Web使用挖掘，以便提高它们的服务质量。

(七)挖掘数据流

流数据是指大量流入系统、动态变化的、可能无限的，并且包含多维特征的数据。这种数据不能存放在传统的数据库系统中。此外，大部分系统可能只能顺序读一次流数据。这对有效地挖掘流数据提出了巨大挑战。大量研究已经证实开发流数据挖掘的有效方法在以下各方面取得进展：挖掘频繁模式和序列模式、多维分析(例如流立方体构建)、分类、聚类、离群点分析和数据流中稀有事件的联机检测。其一般原理是，使用有限的计算和存储容量开发一遍或多遍扫描算法。

这包括在滑动窗口或倾斜时间窗口(其中，最近的数据在最细的粒度存放，而越久的数据在越粗的粒度存放)中收集关于流数据的信息，探索像微聚类、有限聚集和近似解这样的技术。许多流数据挖掘应用都可以探索——例如，计算机网络交通、僵尸网络、文本流、视频流、电网流、Web搜索、传感器网络和物联网系统的实时异常检测。

第二节　数据挖掘的其他方法

一、统计学数据挖掘

数据挖掘技术主要取自计算机科学学科，包括数据挖掘、机器学习、数据仓库和算法。它们旨在有效地处理大量数据，这些数据通常是多维的，可能具有各种复杂类型。然而，对于数据分析，特别是数值数据分析，还有一些得到确认的统计学技术。这些技术已经被广泛地应用到某些科学数据（例如，物理学、工程、制造业、心理学和医学的实验数据）以及经济或社会科学数据。

（一）回归

一般地说，这些方法用来由一个或多个预测（独立）变量预测一个响应（依赖）变量的值，其中变量都是数值的。有各种不同形式的回归，如线性的、多元的、加权的、多项式的、非参数的和鲁棒的（当误差不满足常规条件，或者数据包含显著的离群点时，鲁棒的方法是有用的）。

（二）广义线性模型

这些模型和它们的推广（广义加法模型）允许一个分类的（标称的）响应变量（或它的某种变换）以使用线性回归对数值响应变量建模类似的方式，与一系列预测变量相关。广义线性模型包括逻辑斯蒂回归和泊松回归。

（三）方差分析

这些技术分析由一个数值响应变量和一个或多个分类变量（因素）描述的两个或多个总体的实验数据。一般地说，一个 ANOVA（方差的单因素分析）问题涉及一个总体或处理方法的比较，决定是否至少有两种方法是不同的，也存在更复杂的 ANOVA 问题。

（四）混合效应模型

这些模型用来分析分组数据可以根据一个或多个分组变量分类的数据。通常，它们根据一个或多个因素来描述一个响应变量和一些相关变量之间的关系。应用的公共领域包括多层数据、重复测量数据、分组实验设计和纵向数据。

（五）因素分析

这种方法用来决定哪些变量组合产生一个给定因素。例如，对许多精神病学数据，不可能直接测量某个感兴趣的因素（如智能）；然而，测量反映该感兴趣因素的其他量（如学生考试成绩）是可能的，这里没有指定依赖变量。

(六)判别式分析

这种技术用来预测一个分类的响应变量。与广义线性模型不同,它假定独立变量服从多元正态分布。该过程试图决定多个判别式函数(独立变量的线性组合),区别由响应变量定义的组,判别式分析在社会科学中普遍使用。

(七)生存分析

有一些得到确认的统计技术用于生存分析。这些技术起初用于预测一个病人经过治疗后能够或至少可以生存到时间/的概率。然而,生存分析的方法也常常用于设备制造,估计工业设备的生命周期。流行的方法包括 Kaplan－Meier 生存估计、Cox 比例风险回归模型以及它们的扩展。

(八)质量控制

各种统计法可以用来为质量控制准备图表,例如 Shewhart 图表和 CUSUM 图表(都用于显示组汇总统计量),这些统计量包括均值、标准差、极差、计数、移动平均、移动标准差和移动极差。

二、关于数据挖掘基础的观点

关于数据挖掘理论基础的研究还不成熟。坚实而系统的理论基础非常重要,因为它可以为数据挖掘技术的开发、评价和实践提供一个一致的框架。关于数据挖掘基础的一些理论包括以下几个方面。

(一)数据归约

在这种理论下,数据挖掘的基础是简化数据表示。数据归约以牺牲准确性换取速度,以适应快速得到大型数据库上的查询的近似回答的要求。数据归约技术包括奇异值分解(主成分分析的推动因素)、小波、回归、对数线性模型、直方图、聚类、抽样和索引树的构造。

(二)数据压缩

根据这一理论,数据挖掘的基础是通过位编码、关联规则、决策树、聚类等压缩给定数据。根据最小描述长度原理,从一个数据集推导出来的“最好”理论是这样的理论,使用该理论作为数据的预测器,它最小化理论和数据的编码长度。典型的编码是以二进位为单位的编码。

(三)概率统计理论

根据这一理论,数据挖掘的基础是发现随机变量的联合概率分布。例如,贝叶斯信念网络或层次贝叶斯模盘。

(四)微观经济学观点

微观经济学观点把数据挖掘看作发现模式的任务,这些模式仅当能够用于企业的决策过程（例如，市场决策和生产计划）才是有趣的。这种观点是功利主义的：能起作用的模式才被认为是有趣的。企业被看作面对优化的问题，其目标是最大化决策的作用或价值。在这种理论下，数据挖掘变成一个非线性优化问题。

（五）模式发现和归纳数据库

在这种理论下，数据挖掘的基础是发现出现在数据中的模式，如关联、分类模型、序列模式等。诸如机器学习、神经网络、关联挖掘、序列模式挖掘、聚类和一些其他子领域都促成这一理论。知识库可以看作由数据和模式组成的数据库。用户通过查询知识库中的数据和定理（即模式）与系统交互。这里，知识库实际上是一个归纳数据库。

这些理论不是相互排斥的。例如，模式发现也可以看作是数据归约或数据压缩的一种形式。一个理论框架应该能够对典型的数据挖掘任务（例如，关联、分类和聚类）进行建模，具有概率性质，能够处理不同形式的数据，并且考虑数据挖掘的迭代和交互本质。建立一个能够满足这些要求的定义良好的数据挖掘框架还需要进一步努力。

三、听觉数据挖掘

听觉数据挖掘用音频信号指示数据的模式或数据挖掘结果的特征。尽管可视数据挖掘使用图形显示能够揭示一些有趣的模式，但它要求用户全神贯注地观察模式，并确定其中有趣的或新颖的特征，因此有时是令人厌倦的。如果能够将模式转换成声音和音乐，那么就可以通过听音调、节奏、曲调和旋律确定有趣的或不同寻常的东西。这种方式可能减轻视觉关注的负担，比可视挖掘更轻松。因此，听觉数据挖掘是对可视数据挖掘的一种有趣补充。

第三节　数据挖掘与社会的影响

一、生活中的数据挖掘

数据挖掘出现在人们日常生活的许多方面，无论是否意识到它的存在，它影响到人们如何购物、工作和搜索信息，甚至影响到人们的休闲、健康和幸福。本节内容考察这种普适的数据挖掘的例子。其中一些例子也体现了无形的数据挖掘。有些软件如 Web 搜索引擎、顾客自适应的 Web 服务（例如，使用推荐算法）、“智能”数据库系统、电子邮件管理器、票务大师等，都把数据挖掘结合到它们的功能组件中，却常常不为用户所知晓。

从零售店在顾客收据上打印的个性化优惠券，到在线商店根据顾客兴趣推荐的相关物品，数据挖掘以标新立异的方式对人们购买的物品、购物的方式以及购物的体验产生影响。

数据挖掘对在线购物的体验也产生了影响。许多购物者习惯于在线购买书籍、音乐、电影和玩具。Amazon. com 走在最前列，使用个性化的、基于数据挖掘的方法作为经营战略。它观察到，传统实体商店的最大困难在于让顾客走进商店。一旦顾客进来，他就可能买一些东西，因为去另一家商店花费的时间值得考虑。因此，传统实体商店的销售策略注重把顾客吸引进来，而不是他们在店内的体验。这不同于在线商店，那里顾客只需要点一下鼠标就“走出”并进入另一家在线商店。Amazon. com 利用了这一差别，提供了“针对每位顾客的个性化商店”。他们使用了一些数据挖掘技术识别顾客的喜好并进行可靠推荐。

当人们谈论购物时，假设你正使用信用卡进行购物。如今从信用卡公司收到可疑或异常的消费情况的电话并不稀奇。信用卡公司使用数据挖掘来检测欺诈性使用，每年可以挽回数十亿美元的损失。

许多公司为客户关系管理（Customer Relationship Management，CRM）越来越多地使用数据挖掘，这有助于取代大众营销，提供更多定制的个人服务处理个体顾客的需要。通过研究在网店上的浏览和购买模式，公司可以定制适合顾客特点的广告和推销，使得顾客较少的被大量垃圾邮件所烦扰，这些举措可以为公司节省大量费用，顾客也可以从中受益，因为他们经常会收到真正感兴趣的通报，从而花更少的时间获得更大的满足。

数据挖掘已经大大地影响了人们使用计算机、搜索信息和工作的方式。Google 是最受欢迎和广泛使用的互联网搜索引擎之一，使用 Google 搜索信息已经成为许多人的一种生活方式。

Google 如此受欢迎，使得它甚至成为一个新的英语动词，意思是“使用 Google，或者根据外延，使用任何综合搜索引擎在互联网上搜索”。当人们决定对自己感兴趣的话题键入一些关键词。Google 会返回一个被包括 PageRank 在内的数据挖掘算法挖掘、索引和组织的，如果在人们感兴趣话题的网站列表键入“波士顿纽约”，则 Google 将会显示从波士顿到纽约的客运汽车和火车时刻表。然而，对“波士顿巴黎”而言稍微不同，将返回从波士顿到巴黎的航班。这种信息或服务提供可能基于从以前的大量查询点击流中挖掘的频繁模式。

在观察 Google 的查询结果时，各式各样与人们查询相关的广告就会弹出。Google 剪裁广告使之符合用户兴趣的策略是被所有因特网搜索提供商探索的典型服务之一。

从这些日常例子可以看到，数据挖掘无处不在。在许多情况下，数据挖掘是无形的，因为用户可能并不知晓他们正在查看数据挖掘返回的结果，也不知晓他们的点击实际上已经作为新数据提供给数据挖掘系统。为了使数据挖掘作为一种技术被进一步改进和接受，需要在许多领域进行持续的研究和开发。这些包括效率和可伸缩性、增强用户交互、背景知识与可视化技术的结合、发现有趣模式的有效方法、改进复杂数据类型和流数据的处理、实时数据挖掘、Web 数据挖掘等。此外，把数据挖掘集成到已有商业和科学技术中，提供特定领域的数据挖掘系统，将有助于该技术的进步。

二、数据挖掘的隐私、安全和社会影响

随着越来越多的信息以电子形式出现并在 Web 上可以访问，随着越来越强大的数据挖掘工具的开发和投入使用，人们越来越担心数据挖掘可能会威胁人们的隐私和数据安全。然而，需要指出的是，大多数的数据挖掘应用并没有涉及个人的数据。例如涉及自然资源的应用、水灾和干旱的预报、气象学、天文学、地理学、地质学、生物学和其他科学与工程数据。此外，大多数的数据挖掘研究集中在可伸缩算法的开发，也不涉及个人数据。

数据挖掘技术关注于一般模式或统计显著的模式的发现，而不是关于个人的具体信息。

在这种意义上，真正的隐私关注是对个人记录不受限制的访问，特别是对敏感的私有信息的访问，如信用卡交易记录、卫生保健记录、个人理财记录、生物学特征、犯罪/法律调查和血统。对于确实涉及个人数据的数据挖掘应用，在很多情况下，采用诸如从数据中删除敏感的身份标识符的简单方法就可以保护大多数个人的隐私。尽管如此，只要个人识别信息以数字形式收集和存放，数据挖掘程序能够访问这种数据（即便是在数据准备阶段），隐私关注就会存在。

不适当的披露或没有披露控制可能是隐私问题的根源。为了处理这些问题，人们已经开发了大量加强数据安全性的技术。此外，在开发保护隐私的数据挖掘方法方面也开展了大量的工作。

人们开发了许多数据安全增强技术帮助保护数据。数据库可以使用多级安全模型，根据不同的安全级别对数据分类和限制，只允许用户访问经过授权的安全级别上的数据。然而，现已证明用户在授权的级别上执行特定的查询仍能推测出更敏感的信息，并且类似的可能性在数据挖掘中也可能发生。加密是另一项技术，它对个体数据项进行编码。这可能涉及盲签名（blind signatures，建立在公钥加密上）、生物测定加密（biometric encryption）（例如，使用人的虹膜或指纹对他的个人

信息编码)、匿名数据库(anonymous database)(允许合并不同的数据库,但对个人信息的访问仅限于知道它的人;个人信息被加密并存储到不同的位置)。入侵检测是另一个活跃的研究领域,也可以帮助保护个人数据的私有性。

保护隐私的数据挖掘(Privacy－preserving data mining)是一个数据挖掘研究领域,对数据挖掘中的隐私保护作出反应。它也被称为加强隐私的(privacy－enhanced)或隐私敏感的(privacy－sensitive)数据挖掘,它的目的是获得有效的数据挖掘结果。大部分保护隐私的数据挖掘都使用某种数据变换来保护隐私。通常,这些方法改变表示的粒度以保护隐私。例如,它们可以把数据从个体顾客泛化到顾客群。粒度归约导致信息损失,并可能影响数据挖掘结果的有用性,这是信息损失和隐私之间的自然折中。保护隐私的数据挖掘可以分成如下几类。

①随机化方法:这些方法把噪声添加到数据中,掩盖记录的某些属性值。添加的噪声应该足够多,使得个体记录的值,特别是敏感的值不能恢复。然而,添加应该有技巧,使得最终的数据挖掘结果基本保持不变。这种技术旨在从扰动的数据中得到聚集分布,随后可以开发使用这些聚集分布的数据挖掘技术。

②k－匿名和l－多样性方法:这两种方法都是更改个人记录,使得它们不可能被唯一地识别。在k－匿名(k－anonymity)方法中,数据表示的粒度被显著归约,使得任何给定的记录至少映射到数据集中k个其他记录上。它使用像聚集和压缩这样的技术,匿名是有缺陷的,因为如果一个群内的敏感数据是同质的,则这些值可以从更改后的记录推出。l－多样性(l－diversity)模型通过加强组内敏感值的多样性以确保匿名来克服这一缺点,其目标是使对手使用记录属性的组合准确地识别个体记录足够困难。

③分布式隐私保护:大型数据集通常被水平(即数据集被划分成不同的记录子集并分布在多个站点上)或垂直(即数据集按属性划分和分布)或同时水平和垂直划分和分布。尽管个体站点并不想共享它们的整个数据集,但是它们可能通过各种协议允许有限的信息共享。这种方法的总体效果是在导出整个数据集的聚集结果的同时,维护个体对象的隐私。

④降低数据挖掘结果的作用:在许多情况下,尽管可能得不到数据,但是数据挖掘的输出(例如,关联规则、分类模型)也可能导致侵害隐私,解决方案可能是通过修改数据或稍微扭曲分类模型,降低数据挖掘的作用。

数据挖掘研究给人们带来的好处有以下内容:从医药和科学应用中获得的认识,到通过帮助公司更好地迎合顾客的需求提高顾客的满意度。人们期望计算机科学家、政策专家和反恐专家会继续与社会科学家、律师、公司以及顾客共同担负起责任,建立保护数据隐私和安全的解决方案。

第四节　大数据的隐私安全

一、防不胜防的隐私泄露

个人隐私的泄露在最初阶段主要是由于黑客主动攻击造成的。人们在各种服务网站注册的账号、密码、电话、邮箱、住址、身份证号码等各种信息集中存储在各个公司的数据库中，并且同一个人在不同网站留下的信息具有一定的重叠性，这就导致一些防护能力较弱的小网站很容易被黑客攻击而造成数据流失，进而导致很多用户在一些安全防护能力较强的网站的信息也就失去了安全保障。随着移动互联网的发展，越来越多的人把信息存储在云端，越来越多的带有信息收集功能的手机 APP 被安装和使用，而当前的信息技术通过移动互联网的途径对隐私数据跟踪、收集和发布的能力已经达到了十分完善的地步，个人信息通过社交平台、移动应用、电子商务网络等途径被收集和利用，大数据分析和数据挖掘已经让越来越多的人没有了隐私。对于一个不注意个人隐私保护的人来说，网络不仅知道你的年龄、性别、职业、电话号码、爱好，甚至知道你居住的具体位置、你现在在哪里、你将要去哪里等。

为保护个人隐私权，很多企业都会对其收集到的个人信息数据进行“匿名化”处理，抹掉能识别出具体个体的关键信息。但是在大数据时代，由于数据体量巨大，数据的关联性强，即使是经过精心加工处理的数据，也仍然可能泄露敏感的隐私信息。

随着移动互联网的发展，越来越多的人开始使用云存储和各种手机 APP(为了与商家合作推送广告，很多 APP 都具有获取用户位置、通讯录的功能)，个人信息也就相应地在互联网和云存储中不断增多。这些新技术就像一把双刃剑，在方便人们生活的同时也带来了个人隐私泄露的更大风险。

二、隐私保护技术

对于隐私保护技术效果可用“披露风险”度量。披露风险表示攻击者根据所发布的数据和其他相关的背景知识，能够披露隐私的概率。那么隐私保护的目的就是尽可能降低披露风险，隐私保护技术大致可以分为以下几类。

(一)基于数据失真的技术

数据失真技术简单来说就是对原始数据“掺沙子”，让敏感的数据不容易被识别出来，但沙子也不能掺得太多，否则就会改变数据的性质。攻击者通过发布的失真数据不能还原出真实的原始数据，但同时失真后的数据仍然保持某些性质不变。比如对原始数据加入随机噪声，可以实现对真实数据的隐藏。当前，基于数据失真的隐私保护技术包括随机化、阻塞、交换、凝聚等。例如，随机化中的随机扰动技术可以在不暴露原始数据的情况下进行多种数据挖掘操作。由于通过扰动数据重构后的数据分布几乎等同于原始数据的分布，因此利用重构数据的分布进行决策树分类器训练后，得到的决策树能很好地对数据进行分类。而在关联规则挖掘中，可以在原始数据中加入很多虚假的购物信息，以保护用户的购物隐私，但同时又不影响最终的关联分析结果。

（二）基于数据加密的技术

在分布式环境下实现隐私保护要解决的首要问题是通信的安全性，而加密技术正好满足了这一需求，因此基于数据加密的隐私保护技术多用于分布式应用中，如分布式数据挖掘、分布式安全查询、几何计算、科学计算等。在分布式环境下，具体应用通常会依赖于数据的存储模式和站点（Site）的可信度及其行为。

对数据加密可以起到有效地保护数据的作用，但就像把东西锁在箱子里，别人拿不到，自己要用也很不方便。如果在加密的同时还想从加密之后的数据中获取有效的信息，应该怎么办？最近在“隐私同态”或“同态加密”领域取得的突破可以解决这一问题。“同态加密”是一种加密形式，它允许人们对密文进行特定的代数运算，得到的仍然是加密的结果，与对明文进行运算后加密一样。这项技术使得人们可以在加密的数据中进行诸如检索、比较等操作，得出正确的结果，而在整个处理过程中无须对数据进行解密。比如，医疗机构可以把病人的医疗记录数据加密后发给计算服务提供商，服务商不用对数据解密就可以对数据进行处理，处理完的结果仍以加密形式发送给客户，客户在自己的系统上才能进行解密，看到真实的结果。但目前这种技术还处在初始阶段，所支持的计算方式非常有限，同时处理的时间开销也比较大。

（三）基于限制发布的技术

限制发布也就是有选择地发布原始数据、不发布或发布精度较低的敏感数据，实现隐私保护。这类技术的研究主要集中于“数据匿名化”，就是在隐私披露风险和数据精度间进行折中，有选择地发布敏感数据或可能披露敏感数据的信息，但保证对敏感数据及隐私的披露风险在可容忍范围内。数据匿名化研究主要集中在两个方面：一是研究设计更好的匿名化原则，使遵循此原则发布的数据既能很好地保护隐私，又具有较大的利用价值；二是针对特定匿名化原则设计更“高效”的匿名化算法。数据匿名化一般采用两种基本操作：一是抑制，抑制某数据项，亦即不发布该数据项，比如隐私数据中有的可以显性标识一个人的姓名、身份证号等信息；二是泛化，泛化是对数据进行更概括、抽象的描述。

安全和隐私是云计算和大数据等新一代信息技术发挥其核心优势的拦路虎，是大数据时代面临的一个严峻挑战。但是这同时也是一个机遇，在安全与隐私的挑战下，信息安全和网络安全技术也得到了快速发展，未来安全即服务将借助云的强大能力，成为保护数据和隐私的一大利器，更多的个人和企业将从中受益。历史的经验和辩证唯物主义的原理告诉人们，事物总是按照其内在规律向前发展的，对立的矛盾往往会在更高的层次上达成统一，矛盾的化解也就意味着发展的更进一步。相信随着相关法律体系的完善和技术的发展，未来大数据和云计算中的安全隐私问题将会得到妥善解决。

第五章　大数据时代的云存储安全

第一节　大数据带来的数据存储挑战

一、大数据时代存储技术的发展

在20世纪50年代中期以前，计算机主要用于科学计算，这个时候存储的数据规模不大，数据管理采用的是人工管理的方式；在20世纪50年代后期至20世纪60年代后期，为了更加方便管理和操作数据，出现了文件系统；从20世纪60年代后期开始，出现了大量的结构化数据、数据库技术蓬勃发展，开始出现了各种数据库，其中以关系型数据库备受人们喜爱。

在科学研究过程中，为了存储大量的科学计算，有Beowulf集群的并行文件系统PVFS做数据存储，在超级计算机上有Lustre并行文件系统存储大量数据，IBM公司在分布式文件系统领域研制了GPFS分布式文件系统，这些都是针对高端计算采用的分布式存储系统。

进入21世纪以后，互联网技术不断发展，其中以互联网为代表企业产生大量的数据。为了解决这些存储问题，互联网公司针对自己的业务需求和基于成本考虑开始设计自己的存储系统。典型代表是Google公司于2003年发表的论文Google File System，其建立在廉价的机器上，提供了高可靠、容错的功能。为了适应Google的业务发展，Google推出了BigTable这样一种NoSQL非关系型数据库系统，用于存储海量网页数据，数据存储格式为行、列簇、列、值的方式；与此同时，亚马逊公司公布了他们开发的另外一种NoSQL系统——DynamoDB。后续大量的NoSQL系统不断涌现，为了满足互联网中的大规模网络数据的存储需求，其中，Facebook结合BigTable和DynamoDB的优点，推出了Cassandra非关系型数据库系统。

开源社区对于大数据存储技术的发展更是贡献重大，其中包括底层的操作系统层面的存储技术，比如文件系统BTRFS和XFS等。为了适应当前大数据技术的发展，支持高并发、多核以及动态扩展等，Linux 开源社区针对技术发展需求开发下一代操作系统的文件系统 BTRFS，该文件系统在不断完善；同时也包括分布式系统存储技术，功不可没的是 Apache 开源社区，其贡献和发展了 HDFS、HBase 等大数据存储系统。

总体来讲，结合公司的业务需求以及开源社区的蓬勃发展，当前大数据存储系统不断涌现。

二、大数据带来的数据存储挑战

推动大数据发展和应用，在未来 5～10 年打造精准治理、多方协作的社会治理新模式，建立运行平稳、安全高效的经济运行新机制，构建以人为本、惠及全民的民生服务新体系，开启大众创业、万众创新的创新驱动新格局，培育高端智能、新兴繁荣的产业发展新生态成为未来大数据发展的工作目标。

大数据发展工作的主要任务包括以下三个方面。①加快政府数据开放共享，推动资源整合，提升治理能力。②推动产业创新发展，培育新兴业态，助力经济转型。③强化安全保障，提高管理水平，促进健康发展。

大数据已经被提升为国家基础性战略资源，可见其对于国家发展的重大意义。那么在大数据情景下，数据存储有哪些需求呢？

欧洲核子研究中心（CERN）最近一次震惊物理界的成果当属利用大型强子对撞机（LHC）发现了希格斯玻色子——构成宇宙的最基本组成部件之一。其高能物理实验室的阿特拉斯（ATLAS）粒子探测器——大型强子对撞机有 1 亿 5000 万个感测器，每秒发送 4000 万张图片。实验中每秒产生近 6 亿次的对撞，过滤去除 99.999%的撞击数据后，得到约 100 次的有用撞击数据。科学家就从这些数据中研究物质的构成，包括暗物质、暗能量以及标准模型要寻找的“上帝粒子”——希格斯玻色子。

该粒子探测器每秒产生的数据量超过了任何其他科学研究，包括基因组学和气候科学，其数据分析也更加复杂。粒子物理学家必须同时研究数百万次的碰撞，以找到隐藏在其中的信号——关于暗物质、额外维度和新粒子的信息。在以上高能物理、基因组学、气候科学等大科学的研究领域，数据的存储需求是惊人的！

大数据的应用还包括天文学、生物学、传感器网络、移动互联网、交通运输、信息审查、大社会数据、互联网搜索引擎、军事侦察、金融、健康医疗、社交网络、图像视频、大规模电子商务等。

大数据的大规模特点对数据管理技术提出了挑战，Oracle、IBM、Google、微软、SAP 等数据管理与分析企业在大数据处理与分析技术上投入大量经费，用于开发大规模并行处理系统、数据挖掘系统、分布式文件系统、分布式数据库、可扩展的存储系统等，比如 MapReduee、Spark 并行处理系统，BigTable、MongoDB 等大型 NoSQL 数据库。

总结起来，大数据存储面临的挑战如下。

①数据结构特征复杂多样，需要能够高效存储管理以及分析处理这类数据的存储管理与计算系统。很多大数据应用领域，如社交网络数据、基因序列数据的维度高，数据结构复杂多样，社交网络有图数据、关系型数据以及非结构数据等，基因序列每条记录的维度可以达到数千万，均对数据处理与分析提出了极大的挑战。

②海量大数据的处理效率问题。此前受限于信息处理能力，神经网络相关算法发展迟缓。随着云计算与云存储平台的兴起，信息处理能力大幅提高，深度学习算法如雨后春笋般涌现，也解决了很多此前无法解决的问题。但是随着数据量的爆炸式增长，各类应用对数据处理效率的需求也在增长，计算效率的不断提升仍然是大数据处理面临的挑战。

③各种来源、各种类型以及各种数据格式的多元数据的融合困难，比如健康医疗领域，不同医疗机构数据管理系统各异，其数据纷繁复杂，怎样融合此类数据成为一大挑战。

④大数据无论在数据传输还是在动态处理亦或静态存储时，都面临着安全风险，需要提供多维度的安全保护，包括数据机密性、完整性、可靠性以及可用性等。

⑤充分利用大数据的前提是大数据的共享，大数据共享时的隐私保护是一大挑战。

此外，大数据获取方式以及来源多样，无论是获取设备端，还是网络传输过程均可能存在数据不完全可信的问题，使得获取的数据真伪难辨，这也给大数据的利用带来极大的影响。

第二节　大数据环境下的云存储安全

一、大数据时代的产物——云存储

典型的云存储包括百度云、阿里云网盘等，这些应用的作用，可以帮助用户存储资料,如大容量文件就可以通过云存储留给他人下载,节省了时间和金钱,有很好的便携性。现在,除了互联网企业外,许多 IT 厂商也开始有自己的云存储服务,以达到捆绑客户的作用。

云存储是在云计算概念上延伸和发展出来的一个新的概念,是一种新兴的网络存储技术,是指通过集群应用、网络技术或分布式文件系统等,将网络中大量的各种不同类型的存储设备通过应用软件集合起来协同工作,共同对外提供数据存储和业务访问功能的一个系统。新兴的云计算技术正是人们为了能够处理大数据而产生的,它提供了对海量数据的计算、存储等一系列的解决方案。其中,首先要介绍的就是云存储技术。

云存储的诞生,主要是解决由大数据带来的两个问题:第一,海量数据存储在本地,存储资源消耗巨大,这里的存储资源主要指硬件,包括服务器、存储设备等。第二,海量数据存储在本地,涉及的数据管理及数据取用将带来难以估量的成本,用户需要随时对数据查找、读取、整合、清理等。

为了解决上述两个问题,人们想到如果可以将储存资源上传至云服务器,由云提供一种可以随时随地存取数据的方案,就能够有效地降低本地存储数据的软硬件代价,同时,也能够节省用户管理海量数据而产生的巨大开销。云存储的概念一经提出,就得到了各大厂商的高度关注,还出现了基于云存储基础设施服务的上层应用服务,如 EMC 公司的在线文档存储和备份服务等。近年来,随着数据持续的指数级增长,世界各地的个人、企业用户甚至是政府都逐渐开始使用云存储。云存储应用的蓬勃发展也促进了学术界和工业界对于云存储技术的研究以及产品设计。研究的重点基本在于以下两点:第一,实现更加高效稳定的数据存取服务;第二,提高安全性。

通过简单了解一些国内外学者的主要成果,并简要分析这些技术手段的优劣可知,当前的云存储技术手段非常丰富,然而都还存在着一些或大或小的缺陷,基本存在于数据存取效率和数据安全方面。

二、云存储技术简介

与传统的存储设备相比,云存储不仅是一个硬件,而且是一个由网络设备、存储设备、服务器、应用软件、公用访问接口、接入网和客户端程序等多个部分组成的复杂系统。各部分以存储设备为核心,通过应用软件对外提供数据存储和业务访问服务。云存储系统的结构由四层组成,如图 5—1 所示。

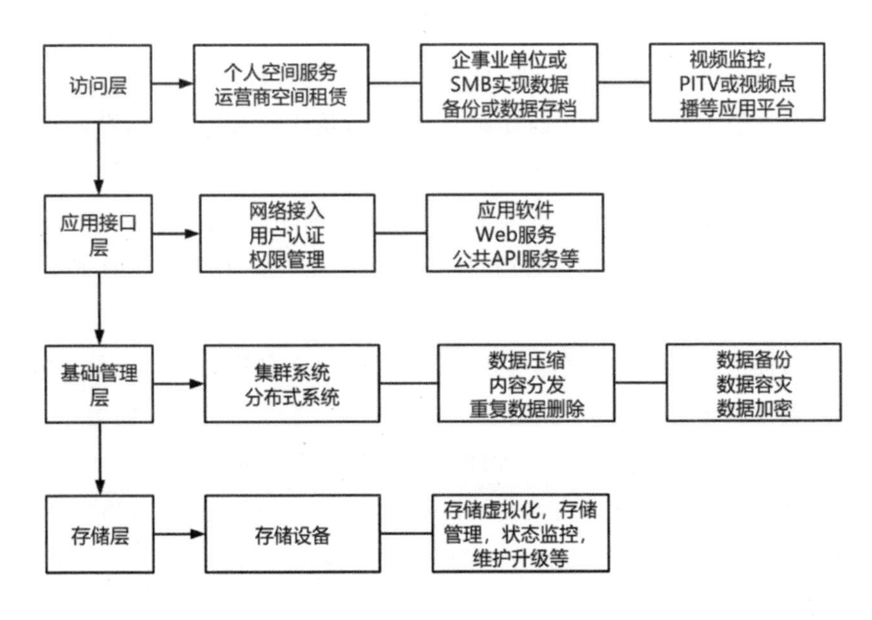

图 5—1　云存储结构模型

三、云存储供应商所面临的安全威胁

随着越来越多的组织以各种方式将工作负载迁移到云中，除了数据机密性是其关注的重点问题，云平台自身的安全性也是其关注的中心之一，并成为其选择云平台的主要参考依据。云存储提供商一方面将会遭遇网络攻击；另一方面可能会遭受漏洞型攻击，以进入云计算的数据中心。

四、云存储所面临的安全问题

云存储所面临的安全问题多种多样，比如由云服务商管理事故或黑客攻击引起的数据损坏、数据窃取、访问控制漏洞等，更有甚者，可能存在一些恶意的云服务商，故意隐瞒事故，甚至是直接由经济利益驱使、盗卖数据等。不过粗略地划分一下，可以发现，无论是什么样的安全隐患，要么是破坏了数据的完整性，要么是破坏了数据的隐私性。

(一)数据完整性

当用户将数据远程存储至云端后，为了释放本地的存储空间以及降低本地维护管理数据的成本，用户一般会选择不再保留本地的数据备份，那么一个很重要的问题是：如何保证用户存储至云端的数据是完整的。一个简单而平凡的想法是，人们可以利用传统密码学中的 Hash 算法，先对本地数据计算出一个 Hash 值，验证数据完整性的过程可以分为这样两步：①从云端将外包的数据下载至本地；②在本地计算这个数据的 Hash 值，和之前计算出的 Hash 值比较，如果一样，则证明数据是完整的。

这样做理论上讲是正确的，但是存在一个很明显的缺点：通信量过大。每一次验证都要将全部数据传输一遍，如果用户需要频繁地执行验证，那么这种通信量是一定不能被接受的。

云计算所提供的新的数据存储模式和传统的本地存储有着本质上的不同，这使得数据完整性验证变成了一个具有挑战性的难题。为了解决这个问题，几乎所有的完整性验证方案都从以下五个方面提出了相应的技术需求。

①轻量级通信。为此，大多方案使用概率性的验证方案（比如挑战数据块的完整性）。同时，即便是采用这种计算标签的“挑战应答”协议，也要使得用户所需要传送和接收的信息量尽可能地低。

②支持动态更新。云存储需要支持数据的动态更新，对于用户而言，长期存档使用的，不需要更新的数据量毕竟有限，更多的是一些需要及时更新的数据。所以更新过程不能为用户或者云造成过大的通信及计算代价。

③更加准确。因为大多完整性验证是概率性的，所以要能够保证这些方案尽可能地以接近 100％的概率正确验证数据完整性。

④更加高效。“挑战应答”更加节省用户及云服务商的计算代价，例如引入第三方审计者的方案就是为了解决这个问题。

⑤更加安全。在验证数据完整性时，特别是将审计任务外包给一个第三方审计者的情况下，要能够应对各种能力的敌手对用户数据隐私的攻击。

针对上述技术需求，人们在已有方案的基础上，针对新的应用环境提出了对于数据完整性验证的改进策略。

(二)数据隐私性

与数据完整性所带来的安全问题相比，数据隐私性的风险更加严重和普遍。数据时代，数据就是资源，就是金矿，谁掌握了数据，谁就掌握了时代的脉搏。所以几乎任何商业竞争，到最后都是对于数据的竞争，无论用户出于何种考虑将数据外包，一个最需要谨慎考虑的问题就是数据的机密性以及用户的其他隐私，例如企业用户外包的可能是商业机密数据，政府机构外包的是社会统计数据，医疗、金融这些机构外包的数据类似于健康记录、财务状况等，都严重涉及用户隐私。虽然说，具有更稳定服务性能的云存储技术会在一定程度上比传统的本地数据存储更有优势，比如通过部署集中的云计算中心，可以组织安全专家以及专业化安全服务队伍实现整个系统的安全管理。由于系统的巨大规模以及前所未有的开放性与复杂性，其安全性面临着比以往更为严峻的考验。以上这些安全隐患，使得数据隐私性这个传统概念在云计算的大环境下有了新的意义。首先，先要搞清数据隐私性与数据机密性的区别。

所谓数据机密性是指数据内容本身的保密性；而数据隐私性则含义更为广泛，既指数据外包的数据内容本身，也指由外包数据、读取数据、检索数据等一系列操作所带来的关于用户身份、喜好、习惯等一系列涉及隐私的数据。

当前数据隐私性的风险来源大致有以下方面。

①由云服务器管理者的管理疏忽或黑客攻击造成的数据泄露，也是当前最常见的隐私问题。

②由云计算的动态虚拟化机制引发的安全问题。

③由用户数据访问造成的隐私性泄露。用户将数据存储至云端当然不仅仅是"存"这么简单，更复杂的问题是数据的访问，因为多数情况下存储至云端的数据是经过加密的，那么很多明文上方便使用的功能，在密文上就变成了一个难点如何操作密文数据，同时不暴露任何与用户相关的隐私，也是当前的研究热点。针对这些数据隐私方面存在的安全隐患，一个简单而有用的方法是对数据在外包前加密，这也是云环境下，隐私保护最常用的方法。传统的对称加密算法，比如DES、AES显然已出现了几十年，但即便在当今，普遍计算能力早已超越当年好几倍，这些加密算法也依然表现出可靠的安全性以及良好的实现性能。然而，需要解决的一个问题是：如何在云端所存储的加密数据上，执行以前能在本地存储的明文数据的操作，包括查找、读取、计算、修改等。技术上讲，对于外包的加密数据，既要能够保证准确、高效的数据使用，又要保证整个数据使用过程的安全性（特指保护数据机密性以及其他用户隐私）。

除了加密之外，还有另外一种常见而有效的方式是对数据分类处理，将关键的机密数据单独放在个别服务器上，与其他的服务器进行隔离。在Hadoop平台上构建一种混合云的存储模型，在保证安全性的同时，也提高了存储数据的传输速度与检索效率。

第三节　基于NoSQL的大数据云存储

一、NoSQL数据库概述

NoSQL泛指非关系型数据库，相对于传统关系型数据库，NoSQL有着更复杂的分类，包括KV数据库、文档数据库、列式数据库以及图数据库等，这些类型的数据库能够更好地适应复杂类型的海量数据存储。

一个NoSQL数据库提供了一种存储和检索数据的方法，该方法不同于传统的关系型数据库那种表格形式。NoSQL形式的数据库从20世纪60年代后期开始出现，直到21世纪早期，伴随着Web 2.0技术的不断发展，其中以互联网公司为代表，如Google、Amazon、Facebook等公司，带动了NoSQL这个名字的出现。目前NoSQL在大数据领域的应用非常广泛，应用于实时Web应用。

促进NoSQL发展的因素如下：①简单设计原则，可以更简单地水平扩展到多机器集群。②更细粒度地控制有效性。

一种NoSQL数据库的有效性取决于该类型NoSQL所能解决的问题。大多数NoSQL数据库系统都降低了系统的一致性，以利于有效性、分区容忍性和操作速度。当前制约NoSQL发展的很大部分原因是NoSQL的低级别查询语言、缺乏标准接口以及当前在关系型数据的投入。

目前大多数NoSQL提供了最终一致性，也就是数据库的更改最终会传递到所有节点上。

（一）KV数据库

KV数据库是最常见的NoSQL数据库形式，其优势是处理速度非常快，缺点是只能通过完全一致的键（Key）查询来获取数据。根据数据的保存形式，键值存储可以分为临时性和永久性，下面介绍两者兼具的KV数据库Redis。

Redis是著名的内存KV数据库，在工业界得到了广泛地使用。它不仅支持基本的数据类型，也支持列表、集合等复杂的数据结构，因此拥有较强的表达能力，同时又有非常高的读/写效率。Redis支持主从同步，数据可以从主服务器向任意数量的从服务器上同步，从服务器可以是关联其他从服务器的主服务器，这使得Redis可以执行单层树复制。由于完全实现了发布/订阅机制，使得从数据库在任何地方同步树时，可订阅一个频道并接收主服务器完整的消息发布记录。同步对读取操作的可扩展性和数据冗余很有帮助。

对于内存数据库而言，最为关键的一点是如何保证数据的高可用性，应该说Redis在发展过程中更强调系统的读/写性能和使用便捷性，在高可用性方面一直不太理想。

系统中有唯一的Master(主设备)负责数据的读/写操作，可以有多个Slave(从设备)来保存数据副本，数据副本只能读取不能更新。Slave初次启动时从Master获取数据，在数据复制过程中Master是非阻塞的，即同时可以支持读/写操作。Master采取快照结合增量的方式记录即时起新增的数据操作，在Slave就绪之后以命令流的形式传给Slave，Slave顺序执行命令流，这样就达到Slave和Master的数据同步。

由于Redis采用这种异步的主从复制方式，所以Master接收到数据更新操作到Slave更新数据副本有一个时间差，如果Master发生故障可能导致数据丢失。而且Redis并未支持主从自动切换，如果Master故障，此时系统表现为只读，不能写入。由此可以看出Redis的数据可用性保障还是有缺陷的，那么在现版本下如何实现系统的高可用呢？一种常见的思路是使用Keepalived结合虚拟IP实现Redis的HA方案。Keepalived是软件路由系统，主要目的是为应用系统提供简洁强壮的负载均衡方案和通用的高可用方案。使用Keepalived实现Redis高可用方案分为如下几点。

首先，在两台(或多台)服务器上分别安装Redis并设置主从。其次，Keepalived配置虚拟IP和两台Redis服务器的IP的映射关系，这样对外统一采用虚拟IP，而虚拟IP和真实IP的映射关系及故障切换由Keepalived负责。当Redis服务器都正常时，数据请求由Master负责，Slave只需要从Master复制数据；当Master发生故障时，Slave接管数据请求并关闭主从复制功能，以避免Master再次启动后Slave数据被清掉；当Master恢复正常后，首先从Slave同步数据以获取最新的数据情况，关闭主从复制并恢复Master身份，与此同时Slave恢复其Slave身份。通过这种方法即可在一定程度上实现Redis的HA。

(二)列式数据库

列式数据库基于列式存储的文件存储格局，兼具NoSQL和传统数据库的一些优点，具有很强的水平扩展能力、极强的容错性以及极高的数据承载能力，同时也有接近于传统关系型数据库的数据模型，在数据表达能力上强于简单的KV数据库。

下面以 BigTable 和 HBase 为例介绍列式数据库的功能和应用。

BigTable 是 Google 公司设计的分布式数据存储系统，针对海量结构化或半结构化的数据，以 GFS 为基础，建立了数据的结构化解释，其数据模型与应用更贴近。目前，BigTable 已经在超过 60 个 Google 产品和项目中得到了应用，其中包括 Google Analysis、Google Finance Orkut 和 Google Earth 等。

BigTable 的数据模型本质上是一个三维映射表，其最基础的存储单元由行主键、列主键、时间构成的三维主键唯一确定。BigTable 中的列主键包含两级，其中第一级被称为“列簇”(Column Families)，第二级被称为列限定符(Column Qualifier)，两者共同构成一个列的主键。在 BigTable 内可以保留随着时间变化的不同版本的同一信息，这个不同版本由“时间戳”维度进行区分和表达。

HBase 以表的形式存放数据。表由行和列组成，每个列属于某个列簇，由行和列确定的存储单元称为元素，每个元素保存了同一份数据的多个版本，由时间戳来标识区分，如表 5－1 所示。

表 5－1　HBase 存储结构

行键	时间戳	列“contents:”	列“anchor:”	列“mime:”
“com. cnn. www”	t9		“anchor:cnnsi. com”	“CNN”
	t8		“anchor:my. look. ca”	“CNN. com”
	t6	“<html>…”		“text/html”
	t5	“<html>…”		
	t3	“<html>…”		

(三)图数据库

在图的领域并没有一套被广泛接受的术语，存在着很多不同类型的图模型。但是，有人致力于创建一种属性图形模型(Property Graph Model)，以期统一大多数不同的图实现。

下面以 Neo4j 这个具体的图数据库介绍图数据库的特性。Neo4j 是基于 Java 开发的开源图数据库，也是一种 NoSQL 数据库。Neo4j 在保证对数据关系的良好刻画的同时还支持传统关系型数据的 ACID 特性，并且在存储效率集群支持以及失效备援等方面都有着不错的表现。

①节点。节点类似于 E－R 图中的实体(Entity)，每个实体可以有 0 到多个属性，这些属性以 Key－Value 对的形式存在，并且对属性没有类别要求，也无须提前定义。另外，还允许给每个节点打上标签，以区别不同类型的节点。

②关系。关系类似于 ER 图中的关系(Relationship)，一个关系由一个起始节

点和一个终止节点构成，另外和 node 一样，关系也可以有多个属性和标签。

Neo4j 具有以下特性。

①关系在创建的时候就已经实现了，因而在查询关系的时候是一个 0(1)的操作。

②所有的关系在 Neo4j 中都是同等重要的。

③提供了图的深度优先搜索、广度优先搜索、最短路径、简单路径以及 Dijkstra 等算法。

(四)文档数据库

文档数据库中的文档是一个数据记录，这个记录能够对包含的数据类型和内容进行“自我描述”，如 XML 文档、HTML 文档和 JSON 文档。

文档数据库中的模型采用的是模型视图控制器(MVC)中的模型层，每个 JSON 文档的 ID 就是它唯一的键，这也大致相当于关系型数据库中的主键。在社交网站领域，文档数据库的灵活性在存储社交网络图片以及内容方面更好，同时并发度也更高。

下面以 MongoDB 这种文档数据库为例讲述文档数据库在实际中的应用。

MongoDB 是一款跨平台、面向文档的数据库。用它创建的数据库可以实现高性能、高可用性，并且能够轻松扩展。MongoDB 的运行方式主要基于两个概念，即集合(collection)与文档(document)。集合就是一组 MongoDB 文档，它相当于关系型数据库(RDBMS)中的表这种概念，集合位于单独的一个数据库中。

①集合。集合不能执行模式(schema)。一个集合内的多个文档可以有多个不同的字段，一般来说，集合中的文档都有着相同或相关的目的。

②文档。文档就是一组键值对。文档有着动态的模式，这意味着同一集合内的文档不需要具有同样的字段或结构。

MongoDB 创建数据库采用 use 命令，语法格式为 use DATABASE. NAME，如创建一个 mydb 的数据库：use mydb。

二、基于 NoSQL 的大数据云存储

NoSQL 数据库的出现，弥补了关系数据库的不足，能极大地节省开发和维护成本。其中，文档型数据库旨在将半结构化数据存储为文档，通常采用 JSON 或 XML 格式，可以看作是键值数据库的升级版，允许文档之间嵌套键值，但文档型数据库比键值数据库的查询效率更高，下面以 MongoDB 文档型数据库为例介绍键

康医疗数据的存储。

与关系型数据库(RDBMS)相比,MongoDB存储方式具有很大的不同。其数据的逻辑结构对比如表5－2所示。其中,MongoDB集合类似于RDBMS的表,而文档则相当于RDBMS表中的记录。

表5－2　MongoDB数据库与RMDBS对比

数据库类型项目	MongoDB	RDBMS
数据容器	数据库	数据库
数据集	集合	衣
数据项	文档	记录
数据类型	插入文档	合并表
数据单元	域(Field)	列(ColtlFinll)
服务器	MongoDB－server	MySQL zOracle

在MongoDB数据库中,文档是对数据的抽象,采用轻量级的二进制数据格式BSON(Binary JSON)存储。BSON只需要使用很少的空间,而且其编解码效率非常高,即使在最坏的情况下,BSON格式也比JSON格式在最好的情况下存储效率高。以健康医疗信息管理为例,个人健康记录(Personal Health Records,PHRs)数据往往是结构化和非结构化数据的混合体。在MongoDB数据库中,PHRs数据存储在一个由字段组成的集合中,这些字段由一个名称和一个可以是整数或字符串的值组成。

Google Bigtablem是Google面向大数据领域的NoSQL数据库服务。它也是为Google搜索Analytics(分析)、地图和Gmail等众多核心Google服务提供支撑的数据库。HBase(Hadoop Database)是Apache的Hadoop项目的子项目,是Google Bigtable在Hadoop上的开源实现。

Bigtable中的所有数据在传输和存储时都会进行加密,用户可以使用项目级权限来控制谁有权访问Bigtable中存储的数据。Bigtable的设计目标是低延迟、高吞吐量以及巨量工作负载,可以将Bigtable用作大规模、低延迟应用的存储引擎,也可将其用于吞吐量密集型数据处理和分析,是运营和分析型应用,如物联网分析和金融数据分析的理想平台。

Google Cloud Datastore是Google面向网页应用和移动应用的可大规模扩展的NoSQL数据库。Cloud Datastore可自动处理分片和复制操作,提供一个具有高可用性且可自动扩展的持久数据库。

DynamoDB是Amazon的NoSQL云数据库服务,适用于高一致性与低延迟的应用场景，它是完全托管的云数据库，支持文档和键值存储模型。Amazon DynamoDB Accelerator(DAX)是一种完全托管且高度可靠的内存缓存，即使每秒钟的请求数量达到数百万，也可以将 Amazon DynamoDB 的响应时间从数毫秒缩短到数微秒。DynamoDB 与 AWS Identity and Access ManagementdAM)集成，可以对组织内的用户实现精细的访问控制。

第四节　基于区块链的大数据云存储

一、区块链概述

区块链应用多种密码学技术，提供了一种去中心化、不可篡改、可追溯以及不可抵赖的网络平台，可在互不了解的多方间建立可靠的信任，在没有第三方中介机构的协调下，划时代地实现了可信的数据共享和点对点的价值传输。因为它具有很多优秀的特征，目前已得到产业界和学术界广泛关注并在各个领域均有应用。

区块链包含两个层面的含义：区块链网和“Token 经济学”。区块链网由一个分布式密码学共享账本和点对点网络构成，其本质是在一个没有信任的互联网上构建一个去中心的、可信任的网络。所谓“Token 经济学”，是指在区块链网之上构建以 Token 为手段的游戏规则和激励机制，鼓励区块链的参与者积极自主地参与游戏，并按规则自动获得“收益”，多劳多得、少劳少得、惩恶扬善。

由于参与者身份不可抵赖，参与者之间达成的交易或记录不可篡改，参与者对系统的贡献和交易活动可完全由数字化 Token 方式计量，这大大降低了系统内的摩擦，使得交易更加高效，成本更加低廉。利用 Token 经济学中的激励机制，可以让区块链的所有用户按规则自动付出或者获得“收益”，实现用户之间的公平与公正，避免了云存储集中式环境下的恶意服务器返回错误的查询结果，仍然可以得到用户付出的薪酬。总之，利用区块链可以提高效率，实现参与方之间的公平性，减少中间环节，降低交易成本。

区块链具有在去中心的数字环境中共享信息、转移价值和记录交易的潜力，应用包括供应链管理、知识产权登记、数字支付、股权转让和数字货币等。

区块链技术可用于解决大数据共享中的价值激励与数据安全问题，因此在这方面也取得了丰富的研究成果，下面将对一些基于区块链技术的存储系统进行介绍。

二、基于区块链技术保障大数据安全

凭借着去中心化、不可篡改、可追溯以及不可抵赖等特性，区块链技术得到广泛关注，有一些存储系统开始采用区块链技术来保障大数据的存储安全。目前已经诞生了一大批基于区块链的存储系统。

与集中式存储技术不同，基于区块链的分布式存储技术通过 P2P 网络将数据存储在网络中的各个节点上，将这些分散的存储资源整合成一个虚拟的统一存储空间。

（一）Storj

Storj 是针对云存储领域开发的开源区块链项目，声称是未来的云存储，它能保证任何时候对用户上传到区块链的内容进行加密。Storj 主张要促进他们的云存储比传统云存储速度快 10 倍，但价格却要便宜 50%，同时使所有 Storj 用户更加分散、可访问和更加安全。Storj 是一个基于以太网（Ethereum）的去中心化分布式云存储平台，它将文件加密，然后将加密文件分解成更小的数据块，分散地存储在网络上。

Storjcoin X（SJCX）是 Storj 网络系统的一种代币，它可以像“燃料”一样允许用户在 DirveShare 的应用中使用，通过 SJCX 来租用或者购买存储空间。代币通常会优先提供给对社区有贡献的人，每个人都有机会通过贡献存储资源来赚取 SJCX，也可以阻止没有 SJCX 的恶意节点通过运作很多节点来攻击网络。

在 Storj 中，用户的数据会被自动分片存放在不同节点，通过端到端加密进行保护。这些分片可以实现“并行下载”，从而提高数据读取速度。若用户要从区块链上下载内容，就必须使用对应的私钥，从而保障区块链上数据的安全。有团队开发了一个这样的应用，由所有加入共享系统的用户共享空闲磁盘，同时给予用户对应的权限，比如读取文件资源的权限。只是当时没有代币，好处是体现在用户可读取的资源上。

（二）IPFS

星际文件系统（Inter Planetary File System，IPFS）的提出者认为 HTTP 存在效率低下、服务器成本昂贵、中心化的网络存在瓶颈等诸多缺点，为此设计了 IPFS 来解决或者弥补 HTTP 的一系列弊端。因此，IPFS 是一个从基础层而不是应用层重新设计云存储的去中心化的云存储系统。

IPFS 旨在创建持久且分布式存储和共享文件的网络传输协议，实现内容可寻址的对等超媒体分发协议，可以让网络更快、更安全、更开放。IPFS网络中的节点构成一个面向全球的、点对点的分布式版本文件系统，试图将所有具有相同文件系统的计算设备连接在一起。IPFS可以从本质上改变网络数据的分发机制。

IPFS中每个文件及其中的所有块都被赋予一个被称为加密散列的唯一指纹，用户可以通过该指纹查找文件。IPFS通过计算可以判断哪些文件是冗余重复的，然后通过网络删除具有相同哈希值的文件，并跟踪每个文件的历史版本记录。

与HTTP相比较，IPFS基于内容寻址，而非基于域名寻址。一个文件存入了IPFS网络，将基于文件内容被赋予唯一的加密哈希值；此外，IPFS提供文件的历史版本控制器，让多节点使用保存不同版本的文件。

IPFS网络使用区块链存储文件的哈希值表，用户通过查询区块链获取要访问文件的地址。IPFS使用FiteCoin作为代币，矿工通过为网络提供开放的硬盘空间获得Filecoin，而用户则用Filecoin来支付在去中心化网络中存储加密文件的费用。

(三)Sia

Sia是一种基于区块链技术的开源云存储系统，它是基于工作量证明来(Proof Of Work，POW)达成共识。

Sia的主要目标是提供分散式的、激励性的拜占庭容错存储系统，Sia支持块上的智能合约，由于智能的冗余管理，Sia的存储比较便宜。

在Sia中，用户的数据会被加密并自动分片存放在不同节点，其存储与访问过程与storj类似。Sia网络的加密货币叫Siacoin，被用来在Sia网络上购买存储空间，存储资源提供者也会收到Siacoin作为回报。

此外，MaidSafe也是一个实现与Storj及Sia类似功能的分布式存储系统，它的代币是Safecoin。

除了以上产业界的研究成果与产品，科研工作者也取得了丰硕的研究成果。

针对能源互联网企业内部与外部数据共享过程中，存在集中部署导致访问受限、标识不唯一、易被窃取或篡改等安全问题，有研究人员对基于区块链的数据安全共享网络体系展开研究，构建了基于区块链的数据安全共享网络体系，包括去集中化数据统一命名技术及服务、授权数据分布式高效存储和支持自主对等的数据高效分发协议。他们设计了开放式数据索引命名结构(Open Data Index Naming，ODIN)，阐述了ODIN运行机制，并且设计了基于ODIN的去中心化DNS的域名协议模块，为数据间P2P安全可信共享奠定了基础。最后，对去中心化DNS的功能进行验证，为实现企业内部及企业间的数据安全共享构建了一种可信的网络环境。

现有数据共享模型存在如下缺陷。

①以关键字为基础的数据检索无法高效发现可连接数据集。

②数据交易缺乏透明性，无法有效检测及防范交易参与方串谋等舞弊行为。

③数据所有者失去数据的控制权、所有权，数据安全无法保障。

针对这些问题，有研究人员利用区块链技术建立了一种全新的去中心化数据共享模型。他们首先从共享数据集中提取多层面元数据信息，通过各共识节点建立域索引以解决可连接数据集的高效发现问题；然后从交易记录格式及共识机制入手，建立基于区块链的数据交易，实现交易的透明性及防串谋等舞弊行为；最后依据数据需求方的计算需求编写计算合约，借助安全多方计算及差分隐私技术保障数据所有者的计算和输出隐私。实验表明，他们所提出的域索引机制在可接受的召回率范围内，连接数据集查准率平均提高 22%。

随着以比特币为代表的区块链技术的蓬勃发展，区块链开始逐步超越可编程货币而进入智能合约时代。智能合约是一种由事件驱动的具有状态的代码合约，它利用协议和用户接口完成合约过程，允许用户在区块链上实现个性化的代码逻辑。

有研究人员对基于区块链的智能合约技术与应用进行了综述。他们首先阐述了智能合约技术的基本概念、全生命周期、基本分类、基本架构、关键技术、发展现状以及智能合约的主要技术平台；然后探讨了智能合约技术的应用场景以及发展中所存在的问题；最后，基于智能合约理论，他们搭建了以太网实验环境并开发了一个智能合约系统。

有研究人员对区块链技术的架构及进展进行了综述，他们结合比特币、以太网和 Hyperledger Fabric 等区块链平台，提出了区块链系统的体系架构，从区块链数据、共识机制、智能合约、可扩展性、安全性几个方面阐述了区块链的原理与技术，通过与传统数据库的对比总结了区块链的优势、劣势及发展趋势。

有研究人员对区块链安全研究进行了综述。他们分层介绍了区块链的基本技术原理，并从算法、协议、使用、实现、系统的角度出发，对区块链技术存在的安全问题做了分模块阐述。他们讨论了区块链面临的安全问题的本质原因，主要分析协议安全性中的共识算法问题、实现安全性中的智能合约问题以及使用安全性中的数字货币交易所安全问题。最后，他们分析了现有区块链安全保护措施存在的缺陷，给出了区块链安全问题的解决思路，并明确了区块链安全的未来研究方向。

有研究人员阐述了区块链技术及其在信息安全领域的研究进展，从区块链的基础框架、关键技术、技术特点、应用模式、应用领域这五个方面介绍了区块链的基本理论与模型；然后从区块链在当前信息安全领域研究现状的角度出发，综述了区块链应用于认证技术、访问控制技术、数据保护技术的研究进展，对比了各类研究的特点；最后，分析了区块链技术的应用挑战，对区块链在信息安全领域的发展进行了总结与展望。

有研究人员对区块链隐私保护研究工作进行了综述，他们定义了区块链技术中身份隐私和交易隐私的概念，分析了区块链技术在隐私保护方面存在的优势和不足，并分类描述了现有研究中针对区块链隐私的攻击方法，例如交易溯源技术和账户聚类技术；然后详细介绍了针对区块链网络层、交易层和应用层的隐私保护机制，包括网络层恶意节点检测和限制接入技术、区块链交易层的混币技术、加密技术和限制发布技术以及针对区块链应用的防御机制；最后，分析了现有区块链隐私保护技术存在的缺陷，展望了未来发展方向。

此外，还有一些关于区块链的可扩展性研究、数据分析、医疗数据共享模型以及综述。

第五节　云存储技术的发展应用趋势分析

一、云存储数据安全状况分析

伴随云存储技术的不断流行，云存储产品数量不断增多，市场竞争力不断增加，许多云存储的服务商为了提高产品的市场占有能力，纷纷不断降低价格，提高服务宽度、服务容量，占用了大量的经营和研发成本，数据安全方面的投入较少，导致系统安全性普遍不足。对于多数用户而言，数据安全性需求要大于其他服务需求。

目前我国多数云存储平台，加强了安全系统的构建，并取得了一定的成果，云数据系统的整体安全性得到了有效地提高，但在数据保密方面，仍存在许多弊端。

二、云存储技术的应用范围分析

相比于传统的储存技术，云存储技术成本低、效率高，且方便管理，所以，被越来越多企业、个人所使用,使得普及范围增大。一般情况下,企业主要将云存储技术应用到空间租赁服务、远程数据备份、视频监控系统等方面中,让所有数据资料能够实现共享,为企业浏览数据文件提供了一定的便利性,潜移默化中促进了行业的持续性发展。

三、云存储系统的未来发展趋势分析

在我国步入互联网时代后,云存储技术得到了更加迅速的发展,并被应用到各行各业且取得了较高的成效。例如,在云教育应用方面,各大高校建立数字图书馆,依托数字图书馆实现资源的有效互补和及时更新,方便学生查阅图书资料;在云游戏方面,各大游戏公司都通过云计算和云存储系统构建了游戏服务器群,在此种情况下,能够满足越来越多的玩家操作游戏,提高游戏操作的速度,降低经济损失;在云呼叫方面,企业只需按需租用服务,便可建立一套功能全面的呼叫中心系统,不仅有效提高了呼叫中心系统容量的伸缩性,还降低了呼叫中心系统运营的维护成本。

第六章　公共安全大数据采集与处理技术

第一节　数据采集对象与方法

一、采集对象

(一)人

①人员信息库,汇聚各人员信息库。

②轨迹信息库,汇聚各轨迹信息库。

③音视频图像结构化信息库,主要是音视频结构化信息。

④生物特征库,主要包括人的主要生物特征:虹膜特征、视网膜特征、面部特征、声音特征、签名特征、指纹特征、体貌特征等。

(二)物

车辆信息库:汇聚车辆登记信息、车辆卡口信息、车辆违章信息等车辆相关信息。

(三)事件

对事件的信息收集主要包括以下信息:时间、地点、人员、组织、舆情、其他关联信息等。

(四)地点

对地点的信息收集主要包括以下信息:地理信息、环境信息、区域特性信息、区域内对象信息等。

(五)组织

组织是指社会中的各种团体,如政府机构、行业联盟、商业公司、志愿团体等。组织信息包含以下内容:法人登记信息、团体活动信息、资产信息、商业信息、财务信息、法律信息等。

(六)空间

空间信息是指反映地理实体空间分布特征的信息,包括位置、形状、实体之间的空间关系、区域空间结构等。图形是表示空间信息的主要形式,点、线、面是最基本的图形元素,空间信息只有与属性信息、时间信息结合起来,才能完整地描述地理实体。通过对空间信息进行采集、加工、分析和综合,可揭示实物的空间分布特征、时变规律、内在关联等,进而有效预测实物的未来发展趋势与动向。因此,在预防犯罪、现场侦查、案情分析、作战指挥等方面,空间信息发挥着越来越重要的作用。

二、采集手段

(一)人工采集

人工采集主要指通过人工的方式,不借助或者少借助相关设备进行数据的采集。例如,用调查问卷的方式、填表格的方式等进行数据采集。

(二)设备采集

1.音视频采集装备

公安数据的音视频采集装备包括警用单兵设备。例如,执法记录仪可以对音视频数据进行采集,监控摄像头可以采集相应的视频数据。

2.生物特征采集装备

生物特征包括人脸、虹膜、指纹、掌纹、DNA 等信息。采集的装备一般属于专用的设备,例如,人脸、虹膜一般采用图像的方式进行采集,一般为非接触设备;指纹、掌纹等信息需要对对象进行接触式的采集。

3.空间信息采集装备

空间信息主要采集装备(例如 GIS)信息、网络信息(GPS 信息)等。此外还有一些传感器设备的信息,例如,水位的传感器、交通的传感器等。空间信息的采集是空间信息处理与分析的前提和基础,准确获取空间信息原始数据对正确分析实物的空间特征和运动规律十分关键。空间信息采集装备主要包括:全球卫星导航系统、摄影测量系统、三维激光扫描系统、遥感与遥测系统等,现代空间信息采集装备产生了海量的空间信息。因此,对海量空间信息的处理与分析,需要采用大数据与人工智能技术。

第二节　数据采集通用技术

一、ETL

ETL(Extract Transform Load,数据仓库技术)是指从各种异构应用系统中抽取数据,并对抽取到的数据进行加工转换处理,最后加载到数据仓库中的过程,它是保证数据仓库数据正确性和有效性的重要过程,也是决策支持项目实施成败的关键因素。抽取是指把数据从源系统抽取的过程;数据转换是指根据需求将数据按照特定规则进行清洗、转换、加工并统一数据粒度的过程;加载是将加工好的数据装入目标数据库的过程。

目前的 ETL 实现一般是在决策支持项目的实施过程中,针对数据源系统再另外定制一套专门的 ETL 系统。这种方式的好处在于,ETL 工具对抽取效率和数据质量有保证,缺点在于决策支转系统本身就是工程量巨大的项目,在此基础上再另外投入大量的人力、时间开发专门的 ETL 系统,增加了项目实施的代价。

二、爬虫

对于公共安全大数据行业,数据的价值不言而喻,在这个信息爆炸的年代,互联网上有太多的信息数据,合理利用爬虫抓取有价值的数据是弥补公共安全数据短板的不二选择。

网络爬虫是一种按照一定的规则,自动地抓取万维网信息的程序或者脚本,它们被广泛用于互联网搜索引擎或其他类似网站,可以自动采集所有其能够访问到的页面内容,以获取或更新这些网站的内容和检索方式。从功能上来讲,爬虫一般分为数据采集、处理、储存三个部分。

传统爬虫从一个或若干初始网页的 URL 开始,获得初始网页上的 URL,在抓取网页的过程中,不断从当前页面上抽取新的 URL 放入队列,直到满足系统的一定停止条件。聚焦爬虫的工作流程较为复杂,需要根据一定的网页分析算法过滤与主题无关的链接,保留有用的链接并将其放入等待抓取的 URL 队列。然后,它将根据一定的搜索策略从队列中选择下一步要抓取的网页 URL,并重复上述过程,直到达到系统的某一条件时停止。另外,所有被爬虫抓取的网页将会被系统存贮,进行一定的分析、过滤,并建立索引,以便之后的查询和检索。对于聚焦爬虫来说,这一过程所得到的分析结果还可能对以后的抓取过程提供反馈和指导。

(一)网络爬虫原理

Web 网络爬虫系统的功能是下载网页数据,为搜索引擎系统提供数据来源。很多大型的网络搜索引擎系统都被称为基于 Web 数据采集的搜索引擎系统,由此可见 Web 网络爬虫系统在搜索引擎中的重要性。网页中除了包含供用户阅读的文字信息外,还包含一些超链接信息。Web 网络爬虫系统是通过网页中的超链接信息不断获得网络上的其他网页。正是因为这种采集过程像一个爬虫或者蜘蛛在网络上漫游，所以它才被称为网络爬虫系统或者网络蜘蛛系统，在英文中称为 Spider 或者 Crawler。

（二）网络爬虫系统的工作原理

在网络爬虫的系统框架中，主过程由控制器、解析器、资源库三部分组成。控制器的主要工作是负责给多线程中的各个爬虫线程分配工作任务。解析器的主要工作是下载网页，进行页面的处理，主要是将一些 JS 脚本标签、CSS 代码内容、空格字符、HTML 标签等内容处理掉，爬虫的基本工作由解析器完成。资源库是用来存放下载到的网页资源，一般都采用大型的数据库存储，并对其建立索引。

Web 网络爬虫系统一般会选择一些比较重要的、出度（网页中链出超链接数）较大的网站的 URL 作为种子 URL 集合。网络爬虫系统以这些种子集合作为初始 URL，开始进行数据的抓取。因为网页中含有链接信息，通过已有网页的 URL 会得到一些新的 URL，可以把网页之间的指向结构视为一个森林，每个种子 URL 对应的网页是森林中的一棵树的根节点。这样 Web 网络爬虫系统就可以根据广度优先算法或者深度优先算法遍历所有的网页。因为深度优先搜索算法可能会使爬虫系统陷入一个网站内部，不利于搜索比较靠近网站首页的网页信息，所以一般采用广度优先搜索算法采集网页。Web 网络爬虫系统首先将种子 URL 放入下载队列，然后简单地从队首取出一个 URL 下载其对应的网页。得到网页的内容将其存储后，再经过解析网页中的链接信息可以得到一些新的 URL，将这些 URL 加入下载队列。然后再取出一个 URL，对其对应的网页进行下载，然后再解析，如此反复进行，直到遍历了整个网络或者满足某种条件后才会停止下来。

三、遥感

遥感技术是在 20 世纪 60 年代兴起并发展起来的一门综合探测技术，它是建立在现代物理学（光学、红外线技术、微波技术、激光技术、全息技术等）、空间技术、计算机技术以及数学方法和地学规律基础上的一门新兴的科学技术。

（一）遥感的基本概念

“遥感”一词源于英语“Remote Sensing”，直译为“遥远的感知”，其科学含义通常有广义和狭义两种解释。广义的遥感泛指一切无接触的远距离探测，包括对电磁场、力场、机械波（波、地震波）等的探测。实际工作中，重力、磁力、声波、地震波等的探测被划为物探（物理探测）的范畴。因此，只有电磁波探测属于遥感的范畴。狭义的遥感是指应用探测仪器，不与探测目标接触，从远处把目标的电磁波特征记录下来，通过分析揭示出物体的特征及其变化的综合性探测技术。

遥感过程是指遥感信息的获取、传输、处理以及分析判读和应用的全过程。这个过程主要依赖于遥感系统，通过地物波谱测试与研究、数量统计分析、模式识别、模拟实验以及地学分析等方法来完成。

(二)遥感的分类

按照遥感平台、探测波段类型、工作方式、记录方式及研究和应用领域的不同，遥感可以划分为不同的类别。

1. 按遥感平台

按遥感平台分类，具体包括以下几点：①地面遥感：把传感器设置在地面平台上，如车载船载、手提、固定或活动平台等；②航空遥感：把传感器设置在航空器上，如气球、航模、飞机及其他航空器等；③航天遥感：把传感器设置在航天器上，如人造卫星、航天飞行、空间站、火箭等；④航宇遥感：把传感器设置在星际飞船上，是指对地月系统外的目标的探测。

2. 按遥感探测的工作波段

按遥感探测的工作波段分类，具体包括以下几点：①紫外遥感：探测波段在 0.05μm～0.38μm 之间；②可见光遥感：探测波段在 0.38μm～0.76μm 之间；③红外遥感：探测波段在 0.76μm～1000μm 之间；④微波遥感：探测波段在 1 mm～10 m 之间；⑤多光谱(高光谱)遥感：探测波段在可见光与红外波段范围之内，可再分成若干窄波段来探测目标。

3. 按遥感探测的工作方式

按遥感探测的工作方式分类，具体包括以下几点：①主动式遥感：由探测器主动发射一定的电磁波能量并接收目标的反射或散射信号，由传感器将接收的目标电磁辐射信号转换成数字或模拟图像；②被动式遥感：传感器不向被探测的目标物发射电磁波，仅被动接收目标物自身发射的能量和自然辐射源的反射能量。

4. 按遥感资料记录信息的表现形式

按遥感资料记录信息的表现形式分类，具体可分为成像遥感、非成像遥感。

5. 按研究和应用领域

按研究和应用领域分类，具体可分为外层空间遥感、大气层遥感、陆地遥感、海洋遥感、资源遥感、农业遥感、林业遥感、地质遥感、城市遥感、军事遥感等。

(三)遥感的特点

①可获取大范围数据资料。航摄飞机飞行高度为 10 km 左右，陆地卫星的卫星轨道高度达 910 km 左右，从而可及时获取大范围的信息。

②获取信息的速度快、周期短。由于卫星围绕地球运转，从而能及时获取所经

地区的各种自然现象的最新资料，以便更新原有资料或根据新旧资料变化进行动态监测，这是人工实地测量和航空摄影测量无法比拟的。

③获取信息受条件限制少。地球上有很多地方，自然条件极为恶劣，人类难以到达，如沙漠、沼泽、高山峻岭等。采用不受地面条件限制的遥感技术，特别是航天遥感可方便及时地获取各种宝贵资料。

④获取信息的手段多，信息量大。根据不同的任务，遥感技术可选用不同波段和遥感仪器来获取信息，利用不同波段对不同物体的穿透性，还可获取地物内部信息。例如，地面深层、水的下层、冰层下的水体、沙漠下面的地物特性等，微波波段还可以全天候地工作。

(四)遥感系统的组成

遥感是一门对地观测综合性技术，它的实现既需要一整套的技术装备，也需要多种学科的参与和配合，因此实施遥感是一项复杂的系统工程。根据遥感的定义，遥感系统主要由以下四大部分组成。

1.信息源

信息源是指遥感需要对其进行探测的目标物。任何目标物都具有反射、吸收、透射及辐射电磁波的特性，当目标物与电磁波发生相互作用时，会形成目标物的电磁波特性，为遥感探测提供了获取信息的依据。

2.信息获取

信息获取是指运用遥感技术装备接受、记录目标物电磁波特性的探测过程。信息获取所采用的遥感技术装备主要包括遥感平台和传感器。其中，遥感平台是用来搭载传感器的工具，常用的有气球、飞机和人造卫星等；传感器是用来探测目标物电磁波特性的仪器设备，常用的有照相机、扫描仪和成像雷达等。

3.信息处理

信息处理是指运用光学仪器和计算机设备对所获取的遥感信息进行校正、分析和解译处理的技术过程。信息处理的作用是通过对遥感信息的校正、分析和解译处理，掌握或清除遥感原始信息的误差，梳理、归纳出被探测目标物的影像特征，然后依据特征从遥感信息中识别并提取有用信息。

4.信息应用

信息应用是指专业人员按不同的目的，将遥感信息应用于各业务领域的使用过程。信息应用的基本方法是将遥感信息作为地理信息系统的数据源，供人们对其进行查询统计和分析利用。遥感的应用领域十分广泛，最主要应用于军事、地质矿产勘探、自然资源调查、地图测绘、环境监测以及城市建设和管理等。

四、监控

(一)摄像头监控

目前,摄像头监控主要包括公安机关在城市公共区域建设的“天网”系统、社会视频监控系统、卡口监控系统。摄像头监控采集的视频图像数据具有极高的价值,公安机关高度重视视频监控资料的研究与运用,一旦发生案件,即可迅速运用视频监控发现线索、锁定目标、证实犯罪,把视频监控资料的运用作为新的侦查途径。

(二)车牌识别

车牌识别能够检测到受监控路面的车辆并自动提取车辆牌照信息进行处理。车牌识别是现代智能警务系统中的重要组成部分之一,应用十分广泛。它以数字图像处理、模式识别、计算机视觉等技术为基础,对摄像机所拍摄的车辆图像或者视频序列进行分析,得到每辆汽车唯一的车牌号码,从而完成识别过程。通过一些后续处理手段,可以实现交通流量控制、指标测量、车辆定位、汽车防盗、高速公路超速自动化监管、闯红灯电子警察、公路收费站、汽车电子围栏等功能。这对于维护社会安全和城市治安有着现实的意义。

(三)群众监控

警方会通过群众来开展监控,利用群众的力量来发现嫌犯,还可以通过提供举报奖金等手段,提高群众的监控积极性和警惕性。

五、传输手段

(一)4G/5G 传输

警用 pdd 采用 4G/5G 网络建立视频、图片、语音、数据的双向实时传输网络,实现警用 pdd 与中心平台实时交互,发生突发事件时可以把现场视频以最快捷、最安全的方式传回指挥中心,使指挥中心能够加快信息传达及沟通的效率,更及时、更准确地掌握信息,加强大数据处理的实时性,提高指挥决策能力。

1. 4G/5G 通信技术简介

4G 是第四代移动通信及技术的简称,是集 3G 和 WLAN 于一体并能够传输高质量视频图像的技术产品,图像传输质量与高清晰度电视不相上下。4G 系统能够以 100 Mbps 的速度下载,比目前的拨号上网快 2000 倍,上传的速度也能达到 20 Mbps,并能够满足几乎所有用户对于无线服务的要求。

5G 是第五代移动通信技术的简称,是具有高速率、低时延和大连接特点的新一代宽带移动通信技术,5G 通信设施是实现人机物互联的网络基础设施。5G 作为一种新型移动通信网络,不仅要解决人与人通信,为用户提供增强现实、虚拟现实、超高清(3D)视频等更加身临其境的极致业务体验,更要解决人与物、物与物通信问题,满足移动医疗、车联网、智能家居、工业控制、环境监测等物联网应用需求。最终,5G将渗透到经济社会的各行业各领域,成为支撑经济社会数字化、网络化、智能化转型的关键新型基础设施。

2. 4G/5G 通信技术的主要特点

①通信速度的高速化。无论是视频通信还是大量数据的下载,都可以在短时间内完成,给用户带来最快捷、便利的信息服务。

②频率使用的高效化。与之前几代通信技术相比,在4G/5G通信技术的研发与运用过程中,对新技术的引入是使其真正实现突破的核心所在。其中,4G/5G通信系统则采用正交频分复用(OFDM)技术,该技术的优点是可以减小或消除信号间的干扰,提高频谱的利用率,实现低成本的单波段接收机。特别是交换层级技术为其中的代表,由于其能够涵盖不同类型的通信接口,使得4G通信能够基于路由技术(routing)构建其网络架构。以此为基本支撑,在引入其他几项新技术之后,4G/5G对无线频率的使用较之以往的通信技术有了较大程度的提升,而更高的无线频率使用效率也为用户的信息传输与下载等操作,提供了更为顺畅而高效的网络支撑。

③应用方式的多样化。全IP的网络结构与技术支持,使4G/5G通信可以将无线电、广播、电视、手机、无线局域网络及卫星通信等不同的通信方式与通信终端在同一个体系中实现并存与交汇。无论何时何地,用户都可以自由地接入互联网,从一个系统平台漫游到另一个系统平台。除此之外,用户还可将各种电子设备接入4G/5G系统,4G/5G的终端将不仅仅局限于手机,未来还会多样化,形成多行业、多部门、多系统进行沟通的桥梁;也可以把不同的通信方式与终端结合起来,如电视广播通信、无线局域网络通信、手机通信、无线电通信和卫星通信等。

(二)公安网

1. 外网

外网对民众开放,此网中的内容大多为法律知识、警界动态、警界内“可公布”的警讯。

2. 内网

内网不对民众开放,为超大型内部局域网,只有公安系统单位内部可以使用。此网上内容主要为人口信息查询系统和相关信息,当然也包括法律知识、警界动态、案件数量及情况等。

六、海量数据存储技术

实现存储系统的高可扩展性，需要解决两个方面的重要问题：元数据的分配和数据的透明迁移。前者主要通过静态子树划分和动态子树划分技术实现，后者则着重于数据迁移算法的优化。此外，大数据存储系统规模庞大，节点失效率高，因此还需要实现一定程度上的自适应管理功能。系统必须能够根据数据量和计算的工作量估算所需要的节点个数，并动态地将数据在节点间迁移，以实现负载均衡；同时，节点失效时，数据必须可以通过副本等机制进行恢复，不能对上层应用产生影响。

在社会安全大数据应用中，采用 NewSQL＋NoSQL 混合模式，充分利用 NewSQL 在结构化数据分析处理方面的优势以及 NoSQL 在非结构数据处理方面的优势，实现 NewSQL 与 NoSQL 的功能互补，解决大数据应用对高价值结构化数据的实时处理、复杂的多表关联分析、即席查询、数据强一致性等要求以及对海量非结构化数据存储和精确查询的要求。在应用中，NewSQL 承担高价值密度结构化数据的存储和分析处理工作，NoSQL 承担存储和处理海量非结构化数据和不需要关联分析、Ad－Hoc 查询较少的低价值密度结构化数据的工作。

(一)基于分布式文件系统的云存储

基于 HDFS 分布式文件系统，将数据的访问和存储分布在大量服务器之中，再在可靠地多备份存储的同时，还能将访问分布在集群中的各个服务器之上，通过分布式存储实现数据的冗余备份，并提升大数据的访问存取性能。

(二)分布式 NoSQL 数据库

分布式列式数据库是 NoSQL 数据库的一种，其海量结构化存储为应用提供安全、高效、高度可扩展的分布式结构化和半结构化的数据存储服务。结构化数据存储服务采用与传统数据库相同的设计模型，支持数字、字符串、二进制和布尔值等多种数据类型。而半结构化数据存储则更为灵活，允许开发者自定义数据模型，提供多种数据访问方式。透明的数据存储管理，助力高性能应用程序的开发。

(三)NewSQL 数据库

分布式并行数据库是一款海量并行处理架构的、无共享的分布式并行数据库系统。采用 Master/Slave 架构，Master H 存储元数据，真正的用户数据被散列存储在多台 Slave 服务器上，并且所有的数据都在其他 Slave 节点上存有副本，从而提高了系统可用性。在海量数据存储场景下，需要基于成本和性能考虑，采用多层不同性价比的存储器件构建高效合理的存储层次结构，可以在保证系统性能的前提下，降低系统能耗和构建成本。利用数据访问局部性原理，可以从两个方面对存储层次结构进行优化。从提高性能的角度，可以通过分析应用特征，识别热点数据并对其进行缓存或预取，通过高效的缓存预取算法和合理的缓存容量配比，以提高访问性能。从降低成本的角度，采用信息生命周期管理方法，将访问频率低的冷数据迁移到低速廉价存储设备上，可以在小幅牺牲系统整体性能的基础上，大幅降低系统的构建成本和能耗。

第三节　数据采集业务应用

数据采集是一种常见的方法，可以用来收集各种信息，并用于各种应用场景。数据采集可以帮助人们了解客户的需求和行为，从而提高业务的效率和效果。

数据采集的应用场景包括以下几方面：

①市场调研：通过数据采集了解客户的需求和喜好，从而帮助企业制定营销策略。例如，通过调查问卷和在线论坛讨论，可以收集客户对产品和服务的评价和建议，并用于改进产品和提升客户满意度。

②客户服务：数据采集也可以用于提高客户服务质量。通过记录客户提出的问题和诉求，可以帮助企业更快地解决客户的问题，并为客户提供更好的服务。例如，通过分析客户服务的数据，可以发现客户最常提出的问题，并对现有流程进行改进。

③研发创新：数据采集也可以用于帮助企业进行研发和创新。通过收集有关市场需求、技术发展趋势等信息，可以帮助企业更快地满足客户的需求，并提高产品的竞争力。例如，通过分析客户对产品和服务的评价，可以为企业提供宝贵的反馈和建议，帮助企业提升产品质量和客户满意度。

数据采集还可以用于提高企业的决策效率。通过收集和分析大量数据，企业可以更快速地了解市场情况和客户需求，并基于这些信息作出更准确的决策。例如，通过分析销售数据，企业可以及时了解哪些产品销售较好，从而及时调整生产和销售计划，提高企业的运营效率。

另外，数据采集还可以用于监测企业的运营状况，并及时发现问题和提出改进建议。例如，通过对生产数据的分析，企业可以发现生产过程中的效率低下或质量问题，并采取措施改进。此外，数据采集还可以帮助企业更好地管理资源，提高企业的整体运营效率。

数据采集可以帮助企业收集各种信息，并用于各种应用场景。它可以提高企业的决策效率，帮助企业更好地了解市场情况和客户需求，并基于这些信息做出更准确的决策。此外，数据采集还可以用于监测企业的运营状况，并及时发现问题和提出改进建议，提高企业的整体运营效率。

在市场调研方面，数据采集可以帮助企业了解客户的需求和喜好，从而制定出更有针对性的营销策略。通过对客户对产品和服务的评价和建议进行分析，企业可以及时改进产品和提升客户满意度。

在客户服务方面，数据采集可以帮助企业更快地解决客户的问题，并为客户提供更好的服务。通过对客户服务的数据进行分析，企业可以发现客户最常提出的问题，并对现有流程进行改进，提高客户满意度。

在研发创新方面，数据采集可以帮助企业更快地满足客户的需求，并提高产品的竞争力。通过分析客户对产品和服务的评价，企业可以为自己提供宝贵的反馈和建议，帮助企业提升产品质量和客户满意度。此外，通过收集有关市场需求和技术发展趋势的信息，企业可以更好地洞察客户的需求，并不断提高自己的创新能力。

总之，数据采集是一种重要的方法，可以帮助企业更好地了解客户和市场，并提高企业的运营效率和创新能力。通过数据采集，企业可以及时了解客户需求，改进产品和服务，为客户提供更好的体验，提升企业的竞争力。

第四节　公共安全大数据的数据类型

一、结构化数据

结构化数据即行数据，是由二维表结构来逻辑表达和实现的数据，严格地遵循数据格式与长度规范。结构化数据是以固定字段驻留在一个记录或文件内。它事先被人为组织过，也依赖于一种确保数据如何存储、处理和访问的模型。结构化查询语言（SQL）通常用于管理在数据库中的结构化数据表。

（一）结构化数据特点及来源

关于结构化数据有如下两个特点。第一，任何一列的数据不可以再细分，即任何一列的数据都是一个元信息，是不能再划分的。第二，任何一列的数据都有相同的数据类型。每列数据的格式都有一个规定的类型，有长度范围限制。在公安系统里面，举例来说，结构化数据有以下几种。

①户籍信息。户籍信息的格式示例：姓名、性别、身份证号、出生日期、民族等，

这是一个固定的结构。

②车辆信息。车辆信息的格式示例:车牌号、车辆类型、持有人、注册时间等。

③驾驶证信息。驾驶证信息的格式示例:姓名、性别、民族、身份证号、有效期、证件类别等。

④护照信息。护照信息的格式示例:姓名、籍贯、签发地点、办理日期、有效期等。

⑤服刑看守人员信息。服刑看守人员信息的格式示例:姓名、性别、民族、服刑原因、服刑开始时间、服刑时长等。

⑥铁路运行状态信息。铁路运行状态信息的格式示例:列车编号、车站、到达时间、出发时间、停车时长等。

⑦交通事故信息。交通事故信息的格式示例:事故发生时间、地点、类型、涉及人员、责任方等。

当然,还有其他类型结构化数据,通过分析以上几种结构化信息的格式,发现几种结构化信息之间是有关联性的。例如,驾驶证信息里面的身份证号就和户籍信息里面的身份证号对应,可以通过这个关联性查询驾驶证持有者的具体个人信息。

(二)结构化数据管理

1.通过关系型数据库管理查询

因为结构化数据具有严格的格式和长度规范,所以可以使用关系型数据库进行存储和管理。使用关系型数据库管理查询结构化数据,既有优点,又有缺点。

它的优点:①灵活性和建库的简单性:从软件开发的前景来看,用户与关系型数据库编程之间的接口是灵活与友好的。目前,在多数关系型数据库管理系统(Relational Database Management System,RDBMS)产品中使用标准查询语言SQL,允许用户几乎毫无差别地从一个产品到另一个产品存取信息。与关系数据库接口的应用软件具有相似的程序访问机制,提供大量标准的数据存取方法。②结构简单:从数据建模的前景看,关系数据库具有相当简单的结构(元组),可为用户或程序提供多个复杂的视图。

它的缺点:①数据类型表达能力差:从下一代应用软件的发展角度来看,关系数据库的根本缺陷在于缺乏直接构造与这些应用有关的信息的类型表达能力,缺乏这种能力将产生以下不良影响。大多数RDBMS产品所采用的简单类型在重构复杂数据的过程中将会出现性能问题;数据库设计过程中的额外复杂性;RDBMS产品和编程语言在数据类型方面的不协调。②复杂查询功能差:关系数据库系统的某些优点也同时是它的不足之处。虽然 SQL 语言为数据查询提供了很好的定义方法，但当用于复杂信息的查询时，可能是非常烦琐的。此外，在工程应用时规范化的过程通常会产生大量的简单表。在这种环境下，由存取信息产生的查询必须处理大量的表和复杂的码联系，以及连接运算。③支持长事务能力差：由于 RDBMS 记录锁机制的颗粒度限制，对于支持多种记录类型的大段数据的登记和检查来说，简单的记录级的锁机制是不够的，但基于键值关系的较复杂的锁机制却很难推广，也难以实现。

2. 通过大数据平台处理查询

由于关系型数据库都是单机型的数据库，所以在数据量非常大的时候，关系型数据库就会显得非常吃力，因此也有人通过大数据平台来处理结构化的查询。通过大数据平台来处理结构化数据的优缺点如下。

优点：大数据平台都是分布式的，可以使用多台机器处理大量的数据，而且扩展性也很强，适用于数据量特别大的时候的查询。

缺点：大数据平台不适用于需要实时查询和低延迟的数据访问，因为它们的查询都是通过一个应用程序来提交的，不是交互式的查询。大数据平台往往更适合于非结构化和半结构化的数据查询，在数据量较小的情况下，由于采用分布式的存储，在查询处理的时候将会面临延迟问题。

二、非结构化数据

以结构为研究对象，有两类信息：一类有统一的结构，可以用数字或文字来描述。这类信息具有相同的层次或网络结构，称为结构化数据。另一类信息则无法用数字或者统一的结构表示，例如扫描图像、传真、照片、计算机生成的报告、电子表格、语音和视频片段等，这些即为非结构化数据。世界上 85％的数据都是非结构化数据，这些数据每年都按指数增长 60％。

（一）非结构化数据的特点及来源

非结构化数据必须借助对应的解释软件才能打开并直观浏览，因此无法从数据本身直接获取其表达的物理属性，很不易于理解。非结构化数据，特别是多媒体数据信息量非常大的数据，如果直接存储于数据库中，除了大幅度加大数据库的容量外，还会降低维护和应用的效率，这对于中小型数据库系统尤为明显。非结构化数据不具备严格的结构，因此，相对于结构化信息更难以标准化，管理起来较为困难。针对这些特点，目前大容量的非结构化数据采用文件方式单独存放，数据库中只存放类似指针的索引。

在公共安全大数据系统中，非结构化数据有这几种数据。

①监控摄像头录制的视频信息。

②各个测速摄像头拍摄的图片数据。

③各类监控系统监控的音频或者视频数据。

④刑事案件中采集的指纹信息。

(二)非结构化数据管理

数据管理（包括非结构化数据管理）可以简单归纳为三个目标，即实现数据的“存得下、管得了、用得上”。非结构化数据通常具有数据规模增长快速和数据类型与应用密切相关这两个显著特点。例如，对于同样的视频类型，视频点播应用和视频搜索应用对这个文件进行的处理方式是不同的：视频点播很多是根据时间点来进行简单定位，而搜索则可能还涉及通过关键词或样例进行基于内容的查找。对于非结构化数据管理系统而言，可扩展的分布式存储机制和综合处理各类非结构化数据的机制，是非结构化管理问题的研究热点。

目前，面对大量的类型多样的非结构化数据，单一的存储系统不能对所有类型的非结构化数据都提供高效访问的能力。文件存储系统和数据库各有优劣，特别是关系数据库存储系统在处理较小的视频类型非结构化数据时性能上优于普通文件系统。一般而言，特定存储系统适合一类或几类非结构化数据的存储管理。如果存储系统管理能力不适合数据类型，那么就需要额外的处理能力和资源才能获得与其他存储系统相当的性能。因此，选择合适的存储系统来存储和访问与其特点相适应的数据，是非结构化数据管理中的关键问题之一。以下是目前非结构化数据的管理模式。

1.文件系统的管理模式

利用文件系统管理形式的非结构化数据是常用的一种模式。这种模式将数据以文件的形式存放于指定的计算机目录下，应用系统访问数据时，直接通过文件路径读取文件。在这种存储管理模式下，数据的存储往往是无序的，通常只是通过文件夹来进行简单的归类。想要根据数据的某些属性对数据进行索引、排列、查找非常困难，往往要通过程序来定制。

2.数据库系统的管理模式

非结构化数据可以使用 NoSQL 处理。NoSQL（Not Only SQL），即“不仅仅是 SQL”，是一项全新的数据库革命性运动，早期就有人提出，发展至 2009 年趋势越发高涨。NoSQL 的拥护者们提倡运用非关系型的数据存储，相对于铺天盖地的关系型数据库运用，这一概念无疑是一种全新思维的注入。NoSQL 数据库主要有四种类型。

①键值(Key－Value)存储数据库。这类数据库主要会使用到一个哈希表,这个表中有个特定的键和一个指针指向特定的数据。key/value 模型对于 IT 系统来说,优势在于简单、易部署,但是如果 DBA 只对部分值进行查询或更新的时候,key/value 就显得效率低下了。

②列存储数据库。这部分数据库通常是用来应对分布式存储的海量数据,键仍然存在,但是它们的特点指向了多个列,这些列是由列家族来安排的。

③文档型数据库。文档型数据库的灵感是来自 Lotus Notes 办公软件的,而且它与第一种键值存储相类似。该类型的数据模型是版本化的文档,半结构化的文档以特定的格式存储,如 JSON。文档型数据库可以看作键值数据库的升级版,允许之间嵌套键值,而且文档型数据库比键值数据库的查询效率更高。

④图形(Graph)数据库。图形结构的数据库与其他行列以及刚性结构的 SQL 数据库不同,它是使用灵活的图形模型,并且能够扩展到多个服务器上。NoSQL 数据库没有标准的查询语言(SQL),因此进行数据库查询需要制定数据模型。许多 NoSQL 数据库都有 REST 式的数据接口或者查询 API。

3. 非关系型数据库的特点

相对于关系型数据库,非关系型数据库的特点是使用键值对存储数据;是分布式的数据库;一般不支持 ACID 特性。非关系型数据库严格上不是一种数据库,应该是一种数据结构化存储方法的集合。非关系型数据库的优点为:①无须经过 SQL 层的解析,读写性能很高;②基于键值对,数据没有耦合性,容易扩展;③NoSQL 的存储格式是 key－value 形式、文档形式、图片形式等。

非关系型数据库的缺点是:①不提供 SQL 支持,学习和使用成本较高;②无事务处理。数据的持久存储,尤其是海量数据的持久存储,还是需要一种关系数据库。

三、半结构化数据

随着数据库与互联网技术的飞速发展,各种数据以爆炸式速度增长,并以各种不同的形式存储在电子空间里。这些数据有些是完全无结构的数据,例如声音文件、图像文件等;有些则具有严谨的结构,例如关系型数据库中的数据;还有一类是结构状态介于以上两种数据之间的数据,这种数据具有一定的结构,但结构不规则、不完整,或者结构是隐含的,如 HTML 文档,可把这类数据称为半结构化数据。

有关半结构化数据还没有一个统一的定义。Serge Abiteboul 定义半结构化数据为:半结构化数据是指那些既不是完全无结构的,又不是传统数据库系统中那些有严格结构的数据。在关系数据库或面向对象的数据库中,都存在一个信息系统框架,即模式,它用来描述数据及其间的关系,模式与数据完全分离。但在半结构化环境中,模式信息通常包含在数据中,即模式与数据间的界限混淆,这样的数据称为自我描述型数据。某些自我描述型数据中存在结构,但不清晰明显,需要从中提取;而某些数据的结构可见,但是不严谨,如采用不同的方式表达同一信息。

(一)半结构化数据的特点及来源

1. 半结构化数据的特点

①无模式,自描述,模式蕴含于数据。

②用于描述数据的结构信息,而不是对数据结构进行强制性约束。

③规模较大,并且因数据的不断更新而处于动态的变化过程之中。

④不讲求精确性,可能描述其中一部分结构,也可能根据数据处理的不同阶段的视角而不同。

⑤灵活性强,能满足网络这种复杂分布式环境的要求。

⑥数据处理的难度较大。

2. 半结构化数据的两大主要来源

半结构化数据的两大主要来源为:万维网和异构数据源。迄今,作为世界上最大的信息资源库,Web 基本的和主要的组成元素是 HTML 格式的文档。HTML 的标记使得文档具有结构,但是这样的结构还是和数据混合在一起,不是独立存在,所以说 HTML 文档具有隐含结构。如何提取 HTML 文档的结构和抽取文档所包含的数据是一个很重要的研究课题,也是网络信息检索、数据挖掘和知识发现等多项研究工作的基础。

半结构化数据的另外一个重要来源是对异构数据源的集成。在异构数据源中对相同的数据可能会有不同的结构。例如数据库 D1 和 D2,在 DI 中时间用字符串表示,在 D2 中却使用日期类型表示,这是类型相异问题。其中,还存在更直观的结构相异。D1 中直接用字符串表地址,而在 D2 中将地址分为国家、省、市、县等,用元组表示。将这两个数据库简单集成后,原有的两个结构严谨的数据就变成了半结构化数据,因为表示同类型信息的方式不一致,也就是结构不规则。这些问题需要用数据转换来解决。当我们对数据源的结构相当了解,并确定数据源不会再扩展时,逐个进行转换也许能够解决问题。但是在实际应用中,很少有这样理想化的环境,数据源不断变化,新的数据格式会加入进来,所以希望找到一种高度灵活的模式来表达不同种类的数据,创建数据模型是理所当然的选择。

(二)半结构化数据管理

先举一个半结构化数据的例子,如存储犯罪嫌疑人员的信息采集。这样的信息不像户籍信息那样，每个犯罪嫌疑人的信息大不相同。有的犯罪嫌疑人信息比较简单，如没有前科有的犯罪嫌疑人信息就比较复杂，如以前犯过什么罪，在哪里服刑，什么时候出狱的等。还有可能有一些没有预料的信息。通常要完整地保存这些信息并不容易，因为用户不会希望系统中表的结构在系统的运行期间进行变更。对这样的半结构化数据的存储方式，主要有以下两种。

1. 转化为结构化数据

这种方法通常是对现有的采集到的信息进行统计整理，总结出信息中的所有类别，同时考虑真正关心的信息。对每一类别建立一个子表，如可以建立教育情况子表、犯罪前科公共安全大数据技术与应用表、家庭情况子表等，并在主表中加入一个备注字段，将其他系统不关心的信息和一开始没有考虑到的信息保存在备注中。

这种方法的优点是查询统计比较方便；缺点是不能适应数据的扩展，不能对扩展的信息进行检索，不能很好地处理项目设计阶段没有考虑到的同时又是系统关心的信息存储问题。

2. 用 XML 来组织保存半结构化数据

XML 是一种元标记语言，用户可以定义自己需要的标记，这些标记必须根据某些通用的原理来创建，但在标记的意义上，也具有相当的灵活性。将数据中不同类别的信息保存在 XML 的不同节点中，可以实现半结构数据的管理。

第五节　通用大数据处理技术

一、数据降维与压缩

(一)数据降维的背景

进入 21 世纪以来，信息技术高速发展，并随着物联网和互联网的兴起，数据的体量越来越大，其构成也越来越复杂。其中，高维数据已经广泛在模式识别、计算机视觉、图像处理等领域得到广泛应用。而在高维数据中得到有效的特征信息，也是信息技术和统计科学界中的重要挑战之一。解决这个问题的首要措施是对高维数据进行有效的降维处理。

降维是指将高维空间中的数据通过线性或非线性映射投影到低维空间中，找出隐藏在高维观测数据中有意义的并且能揭示数据本质的低维结构。降维方法可以促进高维数据的分类、压缩和可视化。

(二)降维技术

数据降维的传统方法是假设数据具有低维的线性分布,代表性方法是主要成分分析(PCA)和线性判别分析(LDA)。两种算法已经形成了完备的理论体系,并在应用中发挥出良好的作用。但由于现实数据的表示维数与本质特征维数之间存在非线性关系,所以近几年来提出的流形学习方法,逐渐成为此领域的研究热点,流形学习方法假设高维数据分布在一个本质上低维的非线性流形上,在保持原始数据表示空间与低维流形上不变量特征的基础上进行非线性降维。因此,流形学习算法也被称为非线性降维算法。其中,代表性算法包括局部线性嵌入算法(LLE)、局部切空间排列(LTSA)、Hessian 特征映射等。流形化的学习从最初的非监督学习扩展到了监督学习和半监督学习,也成了机器学习相关领域的一个热点。

(三)压缩感知

随着信息和数据量的剧增,研究者基于数据稀疏性提出一种新的采样理论——压缩感知,使高维数据的采样与压缩成功实现。只要数据在某个正交变换域是稀疏的,那么就可以用一个与变换基不相关的观测矩阵变换所得高维数据投影到一个低维空间上,然后通过求解一个优化问题,从这些少量的投影中以高概率重构出原数据,可以证明这样的投影包含了重构数据的足够信息。

假设一个数据是可压缩的(原始数据在某变换域中可快速衰减),则压缩感知过程可分为两步。

①数据的低采样:找一个与变换基不相关的 M×N(M<<N)维测量矩阵对数据进行观测,保证稀疏向量从 N 维降到 M 维时,重要信息不可以被破坏。

②数据的恢复:设计一个快速重构算法,由 M 维的测量向量重构原始数据。

这种新型的数据压缩理论有效缓解了高速采样实现的压力,以数据的稀疏性为基础,达到压缩的目的。可以在数据传输和处理的过程中节省大量的成本。不过压缩感知理论也面临着一系列的挑战:电路中易于实现的采样矩阵的构造:健壮性强、算法复杂度低的恢复算法:非稀疏数据的稀疏化表示问题。

压缩感知理论作为一种新的降维方法已经应用到数据处理等多个研究领域中,同时压缩感知理论与机器学习等领域的内在联系的研究工作也在陆续进行中。

二、数据去噪

从公共安全大数据的数据模型来看,需要进行数据去噪处理的数据类型,主要是非结构化数据与半结构化数据。这些数据类型可归纳为图像数据、音频数据、视频数据。

(一)图像数据去噪

图像去噪是数字图像处理中的重要环节和步骤。去噪的效果直接影响到后续的图片处理工作,如图像分割、边缘检测等。图像信号在产生、传输过程中都可能会受到噪声的污染,一般数字图像系统中的常见噪声主要有高斯噪声(主要由阻性元器件内部产生)、椒盐噪声(主要是图像切割引起的黑图像上的白点噪声或光电转换过程中产生的泊松噪声)等。目前,比较经典的图像去噪算法主要有以下三种。

1. 均值滤波算法

均值滤波算法也称线性滤波,主要思想为邻域平均法,即用几个像素灰度的平均值来代替每个像素的灰度。能有效抑制加性噪声,但容易引起图像模糊,可以对其进行改进,主要避开对景物边缘的平滑处理。

2. 中值滤波算法

它是一种基于排序统计理论的能有效抑制噪声的非线性平滑滤波信号处理技术。中值滤波的特点是首先确定一个以某个像素为中心的邻域,一般为方形邻域,也可以为圆形、十字形等,然后将邻域中各像素的灰度值排序,取其中间值作为中心像素灰度的新值。这里邻域被称为窗口,当窗口移动时,利用中值滤波可以对图像进行平滑处理。其算法简单、时间复杂度低,但其对点、线和尖顶多的图像不宜采用中值滤波算法,因为很容易自适应化。

3. Wiener 维纳滤波算法

它是使原始图像和其恢复图像之间的均方误差最小的复原方法,是一种自适应滤波器,根据局部方差来调整滤波器效果,对于去除高斯噪声的效果明显。

(二)音频数据去噪

OMLSA(Optimally Modified Log－Spectral Amplitude Estimator)和 IMCRA(Improved Minima Controlled Recursive Averaging)是 Israel Cohen 提出的经典单通道音频降噪算法。与传统的谱减法等常规方法比较,几乎屏蔽了音乐噪声(谱减法由于未完整消除统计噪声而带来的周期性噪声)的影响。其中,OMLSA 采用了 voice 估计方法,通过做先验无声概率及先验信噪比 SNR 的估计进一步得到有声条件概率,进而计算出 voice 有效增益 G,实现了 voice 估计。IMCRA 则是通过先验无声概率估计和先验信噪比 SNR 估计计算得到条件有声概率,进而获取噪声估计。将 OMLSA 同 IMCRA 相结合,便能实现优秀的单通道音频降噪处理。

三、数据清洗

在大数据平台实际处理数据的过程中，从各种来源汇聚的海量数据存在以下问题：一是不同数据来源的数据格式定义并不完全相同；二是不同途径获取的数据存在重复、相互关联，甚至相互矛盾的情况；三是非结构化数据中存在许多可用于关联分析的线索，但因其存储空间大、保存时间短，难以充分有效发挥作用。

针对以上情况，数据存入数据中心之前，需要进行预处理，即对数据进行垃圾过滤、去重、格式清洗、数据关联和属性标识、数据提取等操作，提高数据中心中数据的质量和关联性。数据清洗过程包含以下处理过程。

①数据比对：根据指定规则逐条比对各类有特定关键词匹配要求的特定对象或重点人员。一旦发现中标数据，按照指定规则为数据设立标识。

②多源虚拟身份整合：按照指定规则，对虚拟身份数据进行归并、去重。

③非结构化数据的结构化线索抽取：抽取全文数据中的关键性结构化信息，提高现有全文数据的利用价值，如提取全文数据中的人名、地名、身份证号（护照号）、电话号码、网络账号、车牌号、银行账号等信息，并将这些结构化数据关联存储。

④垃圾过滤：按照用户定制的垃圾过滤规则，以内容过滤为主，对原始数据（如垃圾邮件等）进行分析过滤。

⑤格式清洗：按照用户定制的规则支持对不完整、无效数据予以丢弃并记录日志；按照统一的数据标准，对数据格式进行转换处理。

⑥数据关联和属性标识：按照用户定制的规则对各类数据进行关联分析，并将数据来源前端、来源地等作为数据属性进行标识。

⑦数据去重：将不同来源的数据进行综合去重处理，基于重复判定规则，将内容相同的全文数据进行合并。

四、信息提取

针对公共安全大数据信息提取，主要面向文本信息、图像文本信息提取，图像特征信息提取以及遥感信息提取这四种类型。

（一）文本挖掘

文本挖掘就是从一个大量的文档中发现隐含知识和模式的方法与工具，它由数据挖掘发展而来，但与传统的数据挖掘又有许多不同。文本挖掘的对象是海量、异构、分布的文档；文档内容是人类所使用的自然语言，缺乏计算机可理解的语义。

(二)图像文本信息提取

图像文本信息提取是指在文本叠加或依存的图像中,经过文本检测和定位抽取出文本图像,再利用文本分割和识别提取文本信息的过程。虽然传统的文档识别技术已经取得了令人瞩目的成果,但是只适用于格式化的文本文档的识别,而常见的自由文本图像,如视频字幕和解说等人工叠加文本图像以及路牌和菜单等自然场景文本图像,经常由于背景干扰、遮挡、污染、光照变化、拍摄角度倾斜、成像效果差等因素,使得从图像中提取文本信息面临诸多挑战。因此,针对自由文本图像的文本提取技术成为当前该领域的研究热点和难点。针对图像文本信息提取,主要采用以下方法。

1.基于笔画特征的文本检测方法

长期以来,自由文本图像中的文本检测主要基于边缘、连通分量和纹理特征开展研究,但是边缘特征对图像中的光照和对比度变化比较敏感,连通分量特征不适用于文本由非同质区域构成的情况,纹理特征则容易与相似背景混淆,从而增加提取难度。基于笔画特征的文本检测方法,通过对文本字符的基元笔画建立通用的数学模型来驱动文本的检测实验,结果表明该方法不仅具有较好的尺度选择特性,还适用于模糊、间断、对比度低等多种类型文本的检测。同时,该方法也可以作为一项基础技术应用于图像处理的其他领域。

2.基于组件树约束的文本定位方法

基于文本检测方法提取出的多尺度候选字符构建组件树,通过树结构中的"祖先"子孙约束和兄弟约束,结合启发式规则和字符分类器打分策略,筛选出同一幅图像中不同文本行在不同尺度下质量较好的结果,并以此作为最终文本定位结果。该方法同近期公开发表的文本定位方法进行对比实验,取得了更高的召回率和较高的正确率。实验结果也表明,该方法能够更好地定位模糊、笔画间断和噪声干扰的文本图像。

3.基于字符空间布局的文本定位方法

图像中文本信息提取有大量的应用是基于视频采集设备的,如车牌识别、路牌识别等,这些应用无一例外都需要快速地从拍摄场景中提取文本信息以便与用户进一步交互,因此,要求文本信息提取过程具有实时性。同时,采集设备的实时计算能力有限,这也给文本信息提取的内存占用提出了要求。本书提出了一种简单、高效的方法实现对自由文本图像中文本区域的快速定位。一方面,将多层尺度空间的图像融合在一层图像中统一处理,实现了内存空间的高效利用;另一方面,通过设定并检验候选字符的空间构型及其空间布局关系,快速地定位文本区域。实验结果表明，该方法在保持较高正确率和召回率的基础上，实现了图像文本的实时定位。由于应用了笔画特征，本书两种定位方法也可归为基于笔画特征的文本定位方法。

4. 低质量汉字图像的分块搜索两级识别法

基于分块搜索的两级识别方法，是指通过模仿低质量汉字图像生成训练集并建立汉字图像的分块结构，对训练集中各分块图像应用主成分分析提取特征并建立索引的过程。待识别图像利用分块搜索和投票的方式从索引中获取候选汉字集合（一级识别），再根据投票结果的显著性辅以全局结构特征匹配识别汉字（二级识别）。实验结果证明，相对于普通的光学字符识别（Optical Character Recognition，OCR）方法，此处方法对低质量汉字图像取得了更高的识别率。

(三)图像特征信息提取

图像特征信息提取技术包括颜色特征计算、纹理特征计算、兴趣点特征计算、HOG 特征计算、矩特征计算。

1. 颜色特征计算

颜色特征在图像信息提取中应用广泛。颜色特征的获取一般分四步进行：首先，需要选择合适的颜色空间来描述颜色特征；接着，用向量的形式表示颜色特征；然后，通过用一些描述字来描述颜色特征；最后，定义一种相似度度量方法来评判特征间的相似度。

2. 纹理特征计算

目前已经有不少纹理特征提取算法，概括起来，图像纹理特征的提取方法主要有四大类：统计法、结构法、模型法和频谱法。

3. 兴趣点特征计算

图像中的角点可使用局部检测器定位。通过对角点检测后的结果进行阈值化处理，可得到兴趣点。角点检测器的健壮性通常不会很强，这一缺陷可由专家的人工监督克服，也可引入大量冗余，以防止单个错误影响大局。后一种方法意味着，在两幅或多幅图像中需要定位的角点数，要比在这些图像中估计几何变换所需的角点多得多。

4. HOG 特征计算

方向梯度直方图（Histogram of Oriented Gradient，HOG）特征是一种在计算机视觉和图像处理中用来进行物体检测的特征描述子。它通过计算和统计图像局部区域的梯度方向直方图构成特征，其主要思想是在一幅图像中，局部目标的表象和形状能够被梯度或边缘的方向密度分布很好地描述。

5. 矩特征计算

矩特征描述计算涵盖了六种类型：几何不变矩、Zemike 矩、Chen 不变矩阵、边界序列矩、极半径不变矩、组合矩。

(四)遥感信息提取

遥感信息提取的目标是从影像数据中提取出蕴含在其中对用户有用的信息，包括对地理目标的识别以及获取地理目标间的关联关系。遥感信息提取一般需要涉及两类对象：一是待研究的目标，即分布在地表空间的地理实体及相关地学现象；二是信息源，即获取的遥感影像数据。遥感信息提取问题的实质就是找出这两类对象之间的关系，建立有效的信息转化模型。遥感影像信息提取技术主要如下。

1. 目标识别

目标识别一直是图像处理领域中的一个活跃的研究领域。对象模型通常是先验的知识，目标识别系统通过它来发现影像上真实的地物，这是影像挖掘最主要的任务之一。机器学习和有意义属性的提取，仅仅能识别被机器辨认的物体。通常，目标识别问题被看作依据已知模型的监督标记问题。即给系统一个包含一个或多个感兴趣目标的影像和一组已标记的与目标对象相关的模型，目标识别将安排正确的标识给相应的区域或一组相应的区域。已知的对象模型常常是由人输入一个先验值。

2. 影像分类和聚合

基于内容的影像智能化分类是从大批影像数据中挖掘有价值信息的重要方式之一。分类模型在影像信息挖掘系统中叫分类器。目前，主要有两种分类器：参数分类器和非参数分类器。

参数分类法假设遥感数据是正态分布，则可以根据先验概率和概率密度函数设计最优分类器，从而对影像数据进行类别划分。根据先验概率等信息是否已知，可以分为监督分类和非监督分类。

监督分类方法根据获取的样本信息事先确定判别函数，然后将未知类别的像元值代入依据确定的判别函数进行分类，常见的监督分类法有最大似然法、SWM 分类法、神经网络分类法等。

非监督分类是一种自组织分类，它不依赖于样本，根据待识别对象在特征空间的分布来进行聚类，常用的处理方法有平行六面体分类、动态聚类分类等。

影像分类和聚类的优势不仅包括影像有效地存储和管理，而且包括为影像快速、高效检索的优化索引策略，所有这些都是影像信息提取的重要组成部分。从影像分类和聚类的相似性与区别性来看，影像分类和聚类的一般步骤如下。

①模式表示，包括影像处理，如影像分割、属性提取和选择。

②定义影像的专业分类体系，如土地覆盖分类体系。

③分类和聚类。

④群组的提取和更改。

3. 关联规则挖掘

在图像数据中，可以挖掘涉及图像的多种关联规则，主要包括以下三类规则：

①图像内容和非图像内容的关联；

②与空间关系无关的图像内容的关联；

③与空间关系有关的图像内容的关联。

要挖掘图像对象间的关联，可以将每一个图像看作一个事务，或将图像中每一个对象看作一个事务，从中找出不同图像间或不同对象间出现频率高的模式。在影像中，关联规则挖掘是可用来发现几个特殊的对象同时出现时，在被描述的影像中出现某种事物或场景的可能性。

4. 空间分析方法

空间分析方法利用 GIS 的各种空间分析模型和空间操作对空间数据库中的数据进行深加工，从而产生新的信息和知识。常用的空间分析方法有综合属性数据分析、拓扑分析、缓冲区分析、距离分析、叠置分析、网络分析、地形分析、趋势面分析、预测分析等，可发现目标在空间上的相连、相邻和共生等关联规则，或发现目标之间的最短路径、最优路径等辅助决策的知识。

5. 空间统计学

空间统计学是依靠有序的模型描述无序事件，根据不确定性信息和有限信息分析、评价和预测空间数据。它主要运用空间自协方差结构、变异函数或与其相关的自协变量或局部变量值的相似程度实现基于不确定性的空间数据挖掘。基于足够多的样本，在统计空间实体的几何特征量的最小值、最大值、均值、方差、众数或直方图的基础上，可以得到空间实体特征的先验概率，进而根据领域知识发现共性的几何知识。空间统计学拥有较强的理论基础和大量的成熟算法，能够改善对随机过程的处理，估计模拟决策分析的不确定性范围，分析空间模型的误差传播规律，有效地综合处理数值型空间数据，分析空间过程、预测前景，并为分析连续域的空间相关性提供理论依据和量化工具等。

6. 模糊集理论

模糊性是客观的存在，系统的复杂性愈高，对它的精确化能力就愈低，模糊性就愈强。在空间数据挖掘中，模糊集可用作模糊评判、模糊决策、模糊模式识别、模糊聚类分析、合成证据和计算置信度等。具有类型混合、居间或渐变不确定性的实体，可用元素隶属度描述，如一块含有土壤和植被的土地，可以由两个元素隶属度表示。传统的集合具有精确定义的界限，为0、1二值逻辑。给定一个元素，要么完全属于集合，要么完全不属于。因为反映空间非匀质分布的地理属性不确定性的概率是可变的，类别变量的不确定性主要源自定性数据所固有的主观臆断性、易混淆性和模糊性，所以没有明确定义的界限的模糊集合论，比传统集合论更适于研究非匀质分布和模糊类别。

7. 决策树

决策树根据不同的特征，以树形结构表示分类或决策集合，产生规则和发现规律。在遥感影像数据信息挖掘中，首先，利用训练空间实体集生成测试函数；其次，根据不同取值建立树的分支，在每个分支子集中重复建立下层结点和分支，形成决策树；然后，对决策树进行剪枝处理，把决策树转化为据以对新实体进行分类的规则。

8. 遗传算法

遗传算法于1975年提出，是一种有效解决最优问题的方法。它仿效生物的进化与遗传，根据“生存竞争”和“优胜劣汰”的原则，借助复制、交换、突变等操作，使所要解决的问题从初始解一步步地逼近最优解。遗传算法把空间挖掘任务表达为一种搜索问题，利用自身的空间搜索能力，经过若干代的遗传，从而求得满足适应值的最优解规则，可用于处理多变量、非线性、不确定，甚至混沌的大搜索空间的有约束的优化求解问题。

第七章　公共安全大数据分析与挖掘

第一节　公共安全大数据分析挖掘分类

一、人工分析

人工分析主要指具有领域知识的专家或者行业经验较为丰富的从业人员，对数据进行分析，采用经验或者知识分析出相应的有价值的信息。在信息化不普及的时代，人工分析为主要的方式。在公共安全大数据时代，人工分析依然占有相应的地位。例如，在颅骨分析、用户外貌特征画像分析方面，有经验的人员依然具有较高、较准确的分析水平。

二、智能分析

在信息时代，人们在日常生活工作中每天都要面对浩如烟海的信息，如何从这些信息中找到对自己有用的，是大家共同面对的问题。公安部门由于其工作的特殊性，更是经常要对海量的情报信息进行分析，并且随着公安信息化的推进，公安部门收集积累信息的能力越来越强，信息规模膨胀，复杂度也大大增加，仅靠传统的人工分析已经远远不够。智能分析的应用可以为人们提供强大的帮助，能够让公安人员从纷繁芜杂的情报当中找到真正有用的信息。

三、辅助分析

辅助分析类似于人工分析与智能分析的结合。采用较为先进的技术手段，对人工分析提供相应的数据或者服务的支撑。例如警用 PGIS 系统可以辅助人工分析，对对象的轨迹、位置等信息进行可视化的展示。

第二节　公共安全大数据分析挖掘技术

一、时空分析技术

(一)高性能时空大数据存储

时空数据是一种多维数据,它的结构非常复杂,同时拥有空间和时态特征。它不仅能够正确地反映事物的时空位置状态和时空变化过程,而且能正确地反映出事物的过去、现在和将来的状态。高性能的时空数据存储方法是存储、管理时空大数据必备的技术,主要研究时空数据模型和时空索引。

1. 经典的时空数据模型

(1)序列快照模型

序列快照模型将时间切割成一片一片,然后踩点不间断变化的地理现象,再变换为离散的部分,其中每个切片与不同时间点的状态相对应。

(2)时空复合模型

时空复合模型将现实世界抽象为在三维空间中时间与空间相统一的对象,不可分割单元就是时空复合单元。每个单元经历的时间过程都是独一无二的,在概念上表示为一个时空复合单元在一个时间段的变化。模型对所有的变化都认为是空间上的变化,因此随着时间的改变将出现新的对象。当依据该模型建立数据库、更新数据库时,需要将新的实体单元进行重组,且这些实体相互间的拓扑关系、数据库中的空间对象表及属性表全都要全部重新生成,因此效率不是很高。

(3)时空对象模型

时空对象模型让时间维与二维的空间相交,将世界看成是由时空原子构建的不连续的对象集合。在时空维上具有特定属性的最大同质部分就叫作时空原子,时空对象由原子组成,单个的时空原子不会出现改变,但是时空对象能够在空间和时间上改变。

(4)时空立方体模型

时空立方体模型的基本单元由二维空间和一维时间组成,表达空间对象随着时间的变化而变化的过程,世界中任意一个空间实体的变化过程都是模型中的一个实体。

2. 常用的时空数据索引技术

(1)HR－tree

HR－tree 给每个时间戳都存储一个独立的 R 树,之后对于连续的两个 R 树之间，如果使用了相同的节点，那么只保留一个节点提高利用率，对时间点的查询效率较高。

(2)3DR－tree

3DR－tree 基于 R－tree 创建时空索引，将时间信息当作一般空间的另外一个维度，二维空间对象使用二维空间外包矩形表示，三维时空对象则使用三维空间的最小外包矩形柱体。

(3)Q＋R 树

由 R－树和四叉树两棵树构成，使用 R－树索引静止的对象，Quad 树索引移动的对象，能找出相对静止的对象和快速移动的对象。随着数据量越来越庞大，现在多采用分布式存储技术将大数据划分为多块，并且创建一个或几个副本，分别存储在不同的数据节点上，保证数据的安全性和完整性。主要的分布式文件系统有 HDFS、NFS、OpenAFS 等，具有高扩展性、高可靠性、负载均衡和文件高安全性。

(二)时空大数据分析

分析时空数据，可以进行时空变化探测、时空格局识别、时空过程建模、时空回归和时空演化树等分析，具体如下。

1. 时空变化探测

探测空间统计量随时间的变化序列，将时空变化看作空间分布随时间的变化，在每个时间点分别作空间统计，如几何中心、最近邻距离、BW 统计、全局和局域的 Moran's I 与 Getis G 及 Ripley's K、半变异系数、空间回归系数等均可作时间维度分析。

2. 时空格局识别

时空格局是指事物属性的时空规律性，能够被人类智力理解、掌握和预测。时空格局识别的主要方法有 SOM 时空聚类、EOF 时空分解、时空热点探测、多维热点探测、地球信息图谱等。

3. 时空回归

回归的目的是寻找因变量 y 和自变量 x 的关系，对经典回归或空间回归模型进行简单延伸即可得到时空回归模型。时空回归模型包括时空面板模型、时空 BHM、贝叶斯网络(有向无环图模型)、时空 T－GWR、时空 GAM 等。

4. 时空过程建模

当时空过程机理清晰和主导时，可以据此建立时空过程的数学模型，相对于统计模型而言，过程模型反映运动本质，用于仿真和预测。不同的过程具有不同的机理，因而有不同的模型。这种不同体现在模型机理不同，或者模型形式不同，或者变量不同，或者参数不同。过程模型包括有元胞自动机模型、智能体模型、反映扩散方程等。

5. 时空演化树

时空数据是时空过程的产物，而人为界定在一维、二维或高维笛卡尔坐标系统中的数据，未必能够充分地表达出演化过程。针对时空演化过程所产生的时空数据，时空演化树借鉴生物学发展演化理论，不作维度的约束，通过事物发展规程规律的梳理，将多维数据中可能蕴藏的机理关联脉络和演化变异以一种简单清晰可视化的形式表达出来，多维数据中的生命系统结构及其演化规律一览无遗。

时空演化树的核心理念是个体状态变化形成状态空间的演化路径，多个个体的演化路径产生状态空间的层次结构，用状态变量刻画（状态变量可以通过人类知识经验获取，也可以通过统计聚类获取），得到群体的演化规律，预测个体下一个状态。因此，时空演化树的思路是确定状态变量（数据项）→确定状态空间（树的结构）→把属性变量时空数据投影到状态空间→个体演化路径→总结不同类型群体演化规律→个体状态沿着演化树的结构进行发育、成长、演化、编译，据此可以进行状态预测和分析。

二、多源数据融合分析技术

（一）多源数据融合方法

有关多源数据融合的方法、技术等，学界已经有一些相关的研究。多源信息融合的实现包括数据级融合、特征级融合和决策级融合三个层次，这三个层次的融合分别是对其原始的数据、提取出来的特征信息和评估、推理得到的局部决策信息进行融合。

融合的过程中有共同性质的过程，当然也存在差异化。多源信息融合主要涉及数据唯一识别、数据记录滤重、字段映射与互补、重名区分、别名识别等多个方面，每个方面都会涉及具体的技术处理方法。例如，数据归一包括全称与缩写、同义词的转换、缩略语与全称的转化、机构的改名等。这就需要深入研究方法之间的逻辑关系，对方法的上下位类、同族、替代、改进等关系进行归纳总结，形成方法体系。再者，需要对各种技术工具进行对比和试验，分析它们的共性和优缺点，从而形成一套完善的技术方案体系。

在现有的多源融合技术基础上，一些新兴的方法论和研究方向也正在快速发展。图像融合、多目标跟踪、Web 信息融合等仍然存在很多问题需要解决。数据融合领域的应用还有很大发展空间，需要提出改进或创新的方法。

随着网络技术的发展和信息的爆炸式增长，分布式信息融合、海量数据融合、安全信息融合和多模态异类信息融合的实现有待进一步研究。分布式目前主要采用多代理技术来实现并取得了一定成果。海量数据融合需要采用比较先进的方法，如熵空间等粒计算方法、粒度 SVM 及其他能处理大规模问题的 SVM 改进算法等。融合的安全问题目前主要在无线传感器网络的数据融合中得到了深入研究。多模态异类信息融合可采用基于随机集或本体论等方法，但是上述各类信息融合的方法论都不太成熟，也缺乏足够的实践经验。另外，这些信息融合问题也考虑采用 Web Service 计算方案来解决。

(二)多源融合模型

至今人们已经提出了多种信息融合模型，如 JDL 模型、OO－DA 模型、Omnibus 模型、STDF 模型等，其中应用最广的是 JDL 模型及其演化版本。JDL 模型最初是因军事应用提出的，主要包括四级：目标评估、态势评估、威胁评估和/程优化。不过也有学者建议增加第 0 级，这一级有多种方案，包括信息源预处理、信号/特征的估计、检测级融合等。随着信息融合技术研究的深入和应用领域的推广，有些问题的复杂度和难度超出了自动融合系统的能力，需要人们的参与来解决。因此，有研究者在 JDL 修正模型的基础上增加了用户优化，即人的认知优化功能。

为了突出多源融合系统的实际设计问题，更好地支持高层次融合和系统开发，数据融合信息组对 JDL 模型作出修改，将信息融合功能与资源管理功能相分离。资源管理又分为传感器控制、平台部署和用户选择等，以实现任务目标。DFIG 模型各级功能的定义如下：

第 0 级：数据评估。在像素/信号级数据关联的基础上，估计和预测信号/目标的可观测状态。

第 1 级：目标评估。在数据关联、连续/离散状态估计的基础上，估计和预测实体状态。

第 2 级：态势评估。估计和预测实体间的关系。

第 3 级：影响评估。估计和预测参与实体的行动态势所产生的效果，也包括多方行动计划之间的交互所带来的影响。

第 4 级：过程优化(资源管理的一个要素)。自适应地获取和处理数据，以支持目标感知。

第 5 级：用户优化(知识管理的一个要素)。针对不同用户自适应地检索与显示数据，以支持认知决策和行动。

第 6 级：目标任务管理(平台管理的一个要素)。自适应地对资源实体进行时空控制并确定目标，以便在受到各种外界因素约束的情况下支持团队的决策和行动。

三、视觉信息分析技术

(一)目标分割

在实际的视频场景中,视频对象体现为一个或者多个区域的集聚,代表了某些拥有特定语义的区域集合。在视频序列中,通过一些技术手段把人们感兴趣的若干个物体从视频场景中提取出来的过程,就是视频对象提取或分割。这些物体一般具有重要特性或某些一致属性,如在亮度、色彩、运动特性以及形状方面具有一致性或拓扑结构相关性。

从操作来说,对视频序列或图像按照一定的标准分割成若干区域的过程就是视频分割。简言之,就是通过某些手段和方法把有待分析的视频按照需要截断分割,获得需要的部分。视频分割的目的在于从视频序列中分离出视频对象,这些视频对象都是具有一定意义的实体。人眼能够很容易分辨相应的语义对象,但是对于计算机来说,目前还不存在一个通用的完全与对象无关的视频分割方法。在实际应用中,视频分割应用往往根据具体的要求采用不同的技术。如对于非实时分割场合,离线式的车牌识别和人脸识别,分割的要求是视频对象轮廓较为精准;对于实时分割场合,如在线曲移动目标分割,则对轮廓的精准性要求不是那么严格。

从用途来说,视频分割大致可分为两类方法:一类是基于编码目的的方法;一类是基于内容可操作的方法。前者一般基于低层次像素级的视频图像特征,后者则主要依靠高层次对象级的视频图像特征。根据视频分割任务中人工参与的程度,视频分割可相应地分为自动分割和半自动分割技术。

根据视频分割所依据的信息,一般有三类分割方法:基于空间信息的分割方法、基于时间信息的分割方法和基于时空信息联合的分割方法。在目前实际应用的各类视频序列分割方法中,占主流的是基于时间信息的分割方法,主要有三种:光流法、背景差法和帧间差法。在复杂场景中,如果仅仅依靠时域的分析方法很难获取比较精确的对象。空域分割是指通过利用图像中灰度、颜色、纹理、位置等空间特性将图像集聚成多个相似的区域,一般能获得较好的对象轮廓。相比于单纯利用时域或空域信息进行分割,如果在分割中将空域分割与时域分割两种方法相结合,那么在获取运动对象的时候也考虑到了空间对象的结构特征信息及意义。这种结合能够更精确地获取运动对象的边缘信息,比单纯的时域分割和空域分割具有更好的性能。

视频分割技术是在静态图像分割技术的基础上发展起来的,这里简单介绍下图像分割与视频分割的区别和联系。

从某种意义上说,图像分割任务可以认为是视频分割任务的子集。简言之,把图像分成不具有重叠部分的区域，在这些区域内，采用合适的技术提取分离出感兴趣的目标，这一过程就是图像分割。灰度、颜色、纹理等特性是图像分割中经常采用的特性，图像分割后得到的目标，不一定限于单个区域，有可能是跨区域的，但就一致性而言，目标在每个区域都应该满足该区域的一致性。图像分割是图像分析的第一步，后续任务包括特征提取、特征筛选、目标识别等，这些任务结果是否符合期望，很大限度上取决于图像分割的质量。从区域的连通性分析来看，将图像拆分成具有物理意义的连通区域的集合是图像分割的目的所在。换言之，事先需要知道目标和背景的先验知识，通过对这些先验知识的学习，对图像中的目标、背景进行定位、标记等过程，实现将目标和背景以及其他伪目标分离的目的。这些被分割的区域在某些特性上相近，因此在模式识别和图像压缩两大类不同的应用中，图像分割技术都是常用的技术手段。

图像的分割算法通常是高度应用相关的，它利用图像的颜色、灰度、边缘、纹理等空间信息对原始图像进行分割。一般可分为单层次方法和多层次方法，单层次方法主要是以基于边缘的方法为主，而多层次方法的手段则更丰富，如分裂合并、形态学、小波等，应用也更为广泛。

实际应用中，在视频上单独使用图像分割方法往往不能得到令人满意的分割结果，主要原因在于图像分割没有有效地利用视频序列时域特征和其他信息。进一步地，如果在分割更为广泛中考虑到视频序列的时间相关性，则可以大幅提升分割算法的有效性。因此，在对视频对象进行分割时，通常综合考虑视频图像的时空联合分布特性。即单一的静止图像的分割算法并不能直接应用于高效的视频分割，但是视频分割算法的发展有益于图像分割算法的发展，可以借鉴图像分割算法的基本思想。

（二）目标检测

背景差分法利用当前帧图像与背景图像相减，以获取对象运动区域。其基本原理分为以下几种。

1. 背景差分法

针对一个视频序列，对当前帧图像与背景图像进行相减。对于相减后像素值大于预设阈值的像素点，则认为该像素属于运动目标；反之，则该像素不属于运动目标。由其原理不难看出，背景图像选取的适合与否，将对此方法的最终检测结果的准确性产生直接影响。理想情况下，视频中的背景是静止图像，除了运动目标区域有像素值变化外，图像其余部分均保持像素值不变。

在实际应用中，需要运用更多的策略来获取和更新背景图像。例如，中值法背景建模，获取一段时间内的连续 N 帧图像，对此图像序列中对应位置的像素灰度值从小到大排序，取其中间值作为对应像素点灰度值构成背景图像。均值法背景建模对一些连续帧取像素平均值。此外，还可引入背景更新因子，根据预设规则对背景模型进行更新，这些方法均能在一定限度上提高背景差分法的性能。

2. 混合高斯背景模型

高斯背景模型是一种像素级(pixel－wise)参数化统计建模方法，它用 1 个或多个高斯模型来拟合图像中每个像素的概率分布。其基本假设是图像灰度直方图是对图像灰度概率密度的估计(反映图像中某个灰度值出现的频次)，因此可建立图像背景的高斯模型。若图像中目标区域和背景区域空间分离度较强，而且灰度值差异明显，灰度直方图将呈现“双峰谷”形状，其中一个峰对应背景区域，另一个峰对应目标区域。复杂图像的灰度直方图则一般呈现多峰形状。

基于上述分析，将直方图的多个峰视作多个高斯分布的叠加，由此可以得出混合高斯模型。混合高斯模型使用 K(通常为 3～5)个高斯模型，对图像中各个像素点的特征进行表征。

3. 光流信息

物体在空间中运动时，其在观测成像面上呈现出的像素运动为光流。光流法利用像素的强度时域变化及空间相关性，在图像序列中确定各个像素的位置运动。利用光流法进行运动检测时，通常先计算特征点，再根据特征点生成光流向量簇。当求出向量簇中心点时，可把一个前景目标用一个点来代替。目前较为流行的稀疏光流算法，基本原理是基于金字塔模型的 LK 光流计算法：首先在图像金字塔模型的最顶层搜索特征点的匹配点，再以第 k 层的计算结果作为 k－1 层的初始估计值，然后在图像金字塔模型中的第 k－1 层中继续搜索匹配点，此过程一直迭代搜索到图像金字塔模型的第 0 层(对应原始图像)。通过这样的方式，计算得到该特征点的光流。基于金字塔模型的 LK 光流算法，在检测到当前帧的运动对象队列后，进行循环匹配，直至找到匹配对象。

(三)目标跟踪

对于一个运动检测系统而言，在运动目标检测后，还需要对运动目标进行跟踪。运动跟踪就是在图像序列的每一幅图像中定位找出位置，用以对运动进行估计。运动跟踪的常见方法包括粒子滤波跟踪、模板匹配、卡尔曼滤波跟踪以及各种改进方法。

1. 基于卡尔曼滤波的运动跟踪

卡尔曼滤波常用于信号处理领域，是以最小均方误差为准则的最优线性估计器。卡尔曼滤波根据前一时刻估计值和当前时刻观测值估计像素的当前值，用状态方程和递归推进方法进行估计。

在实际应用中,观测噪声的协方差 R 通常可以在滤波前得到,如可以通过一些观测值样本得到 R。对于运动跟踪而言,可设定运动的质心的位置和速度为系统的状态向量。因为卡尔曼滤波是一个线性滤波器,其系统状态方程和观测方程均为线性的,所以对于场景和运动状态复杂的情况,卡尔曼滤波跟踪的精度不高。因此,研究者对其进行了一系列非线性改进,如扩展卡尔曼滤波(EKF)和无迹卡尔曼滤波(UKF)。

2. 基于粒子滤波算法的跟踪

粒子滤波(Particle Filter,PF)跟踪是一种非常经典的适合非线性场合的滤波跟踪算法,它基于递推贝叶斯估计和蒙特·卡洛法(Monte Carlo method)。因其利用粒子集来表示概率,粒子滤波可应用在任意形式的状态空间模型上。粒子滤波的基本原理是通过从后验概率中抽取的随机状态粒子来描述其分布。粒子滤波过程是通过搜索一组在状态空间传播的随机样本(粒子)来逼近概率密度函数,用样本均值代替积分运算,最终获得状态最小方差分布的过程。

(四)图像去噪

图像去噪和质量提升是图像处理领域的经典问题。从 20 世纪 80 年代起,学者们相继提出和发展了小波变换、多尺度几何分析、稀疏表示理论和深度学习方法等理论,并成功应用在图像处理问题上。这些方法在图像的特征提取和有效表达上不断推进。与传统 DCT 变换相比,小波变换挖掘了信号的局部特性,进一步地,多尺度几何分析将图像作为不可分离的二维信号,挖掘了图像的二维结构信息;随后,稀疏表示理论直接从图像的先验特性(稀疏性),学习自适应的稀疏字典,对图像的表达能力更强。近几年来,深度学习方法也在图像处理方面有了较好进展,主要是由于深度网络的表达能力非常强,可以直接从大量数据中学习图像位置的先验特性,最终可以更加准确地刻画图像中的先验信息。

四、语音识别

随着智能家居、车载语音系统以及各种语音识别软件的流行,语音识别逐渐走进人们的视野,凭借其实用性、准确性得到了广大用户的喜爱。同时,语音识别作为人机交互的重要接口,成为人工智能领域研究的重点。在大数据的背景下,深度学习得到长足的发展。由于它对海量数据超强的建模能力被广泛应用于图像、语音识别方面,并取得了惊人的效果。

语音识别技术已经很成熟,但系统性能和人类相比还有很大差距,分析原因主要集中在说话人、周围环境、采集设备上,说话人的重音、方言、说话方式、说话情感、协同发音、周围环境的噪声、说话声、混响以及采集设备的差异性而造成语音的差异性。世界上没有两段完全相同的语音(排除数据复制),人类通过学习能对这些语音分析获取有用信息而不受前面提到的扰动因素的影响。

五、文本分析

目前,有关文本表示的研究主要集中于文本表示模型的选择和特征词选择算法的选取上。用于表示文本的基本单位通常称为文本的特征或特征项。特征项必须具备一定的特性:要能够确实标识文本内容;具有将目标文本与其他文本相区分的能力;个数不能太多;其分离要比较容易实现。

在中文文本中,可以采用字、词或短语作为表示文本的特征项。相比较而言,词比字具有更强的表达能力,而词和短语相比,词的切分难度比短语的切分难度小得多。因此,目前大多数中文文本分类系统都采用词作为特征项,被称作特征词。这些特征词作为文档的中间表示形式,用来实现文档与文档、文档与用户目标之间的相似度计算。如果把所有的词都作为特征项,那么特征向量的维数将过于巨大,从而导致计算量太大。在这样的情况下,要完成文本分类几乎是不可能的。特征抽取的主要功能是在不损伤文本核心信息的情况下,尽量减少要处理的单词数,以此来降低向量空间维数,从而简化计算,提高文本处理的速度和效率。

文本特征选择对文本内容的过滤和分类、聚类处理、自动摘要以及用户兴趣模式发现、知识发现等有关方面的研究,都有非常重要的影响。通常根据某个特征评估函数计算各个特征的评分值,然后按评分值对这些特征进行排序,选取若干个评分值最高的作为特征词,这就是特征选取。

六、预测模型

科学的犯罪预测方法与技术能够帮助公安机关高效地利用已知的关于犯罪活动及其趋势的数据对未来可能发生的犯罪行为进行预测,并以此预测结果为依据制定行动部署,争取让有限的精力和资源发挥最大的功效。用于对数据进行分析的方法,可分为描述性和预测性两类。描述性分析是基于对历史数据的客观表达,而预测性分析则旨在对未来某事物发生的可能性作出判断。

七、行人检测

行人检测与行人再标识是智能安防系统中的关键技术,下面简要介绍相关技术的发展以及其在实际应用中面临的挑战。

行人检测是计算机视觉领域的一个重要研究方向,在安全监控、智能辅助驾驶等实际应用中有重要的意义。与通用目标检测相比,行人检测的目标通常较小,遮挡和变形较为严重，不同行人之间的表观差异较大，如行人的服装、姿态变化等也较大，这给检测算法带来了很大的挑战。近些年来，行人检测领域不断有新的、突破性的工作出现，基于人工设计特征传统方法不断得到改进，而基于深度学习的方法则迅速涌现，并在性能上取得相对传统方法的显著优势，从而成为该领域的主流方法。

基于人工设计特征的检测方法将行人检测问题转化为提取高分辨度特征并进行分类的问题。这类方法一般采取滑动窗口方式的检测，对窗口内的像素提取对应特征，并利用这些特征训练分类器，判断窗口内是否有行人。分类器的选择一般都为支持向量机或随机森林，因此这类算法的性能几乎完全取决于特征对实验数据的表达性。

行人再标识作为视频监控研究领域的关键组成部分，其目的是对出现在监控摄像头视域内的某个目标行人，准确快速地在监控网络其他摄像头视域内的大量行人中将这个目标行人标识出来。

行人再标识的一般技术流程分为以下几个方面：首先，根据行人特征表达方法获取行人图像的特征；其次，利用相应的行人相似性判别模型对大量的行人图像进行训练，得到合适的衡量行人图像之间相似性的判别方法；最后，对一个摄像头拍摄的某个目标行人的图像，将其与其他摄像头拍摄的大量行人图像进行匹配，找到与其相似性最高的行人图像，从而实现目标行人的再标识。综上所述，行人再标识的关键在于行人特征表达和行人相似性判别两个步骤。近期随着深度学习的兴起，很多端到端的行人再标识方法被提出，并在很多相关标准数据库上取得了很好的结果。

八、车辆检测与识别

（一）车辆检测

目前常用的基于监控视频的车辆检测方法主要划分为两类：基于运动信息的车辆检测方法和基于特征信息的车辆检测方法。基于运动信息的车辆检测方法主要包括：光流法、帧差法和背景差法等。

（二）车辆识别

车辆识别目前分为两个大类：基于车牌信息的车辆识别方法和基于车辆表观信息的车辆识别方法。

1. 基于车牌信息的车辆识别方法

总体上，可划分为三个功能模块：车牌定位、字符分割和字符识别。

车牌定位是在获取图像中检测车牌所在位置；字符分割是将车牌图像中的字

符从整体图像中分割成字符个体;字符识别则是对分割的字符图像进行识别,将图像信息转换为字符信息。目前,车牌识别技术相对比较成熟,已经在各种交通控制与管理场合大规模推广应用,取得了良好的市场预期。然而,某些交通违法车辆蓄意遮挡、修改、变造车辆号牌,使得车牌自动识别失效。因此,研究基于车辆表观信息的识别方法,更具有普适性和可靠性。

2.基于车辆表观信息的车辆识别方法

由于车辆表观特性容易混淆,所以基于车辆外观的识别方法大多采用将车标和车型识别相结合的方法。车标识别是通过计算机视觉、图像处理与模式识别等方法从车辆图像中提取车标信息,从而获得机动车辆品牌信息的一种实用技术。车标识别技术是智能交通系统中的一个重要研究领域,具有较高的实用价值。车标识别技术常用的方法大致分为五种,分别是基于边缘直方图的方法、结合2DPCA－ICA和SVM的方法、基于Hu不变矩的方法、基于SIFT描述子的方法和基于模板匹配的方法。车型识别的主要方法有以下几种。

(1)基于模板匹配的车型方法

通过对研究对象归纳出一套模板,就可以通过模板匹配的方法来识别对象。该方法首先构建车辆的正视图和侧视图的变形模板与直方图交集,然后计算与已有的车辆模板的Hausdorff距离,实现车型识别。基于模板匹配的车型识别方法存在一定的局限性,包括车辆视角变化、尺度变化、遮挡问题等。

(2)基于统计特征的车型识别方法

虽然当前在车型识别领域方法众多,但应用最多的还是基于统计特征的识别算法。该类算法需要首先建立样本数据库,然后通过一系列的方法提取样本特征,最后利用机器学习方法训练分类器,实现目标识别。相比于模板匹配算法,基于统计特征方法的健壮性更好,适应性更强。特征提取是该类方法的核心技术,决定了最终识别性能。

当前很多关于车型识别的研究工作,侧重于研究车辆图像鲁棒特征表达。深度神经网络可在训练数据驱动下自适应地构建特征表达,具有更高的灵活性和普适性,已经被应用在车型识别问题中。

九、文字识别

早期的文本检测与识别主要是针对印刷体的文本识别,具有代表性的是光学字符识别系统,主要方法的研究始于20世纪60年代,相关技术已成熟,出现了很多的商用系统。随着需求和技术的发展,目前研究的重点逐步发展到自然场景中的文本检测和识别。在广度上,从文档图像到自然场景图像、数字合成图像,从单一语言文本识别扩展到多语言文本识别，从过去以英文和中文为主扩展到阿拉伯文、印度文、蒙古文、藏文等多个国家和民族的文字以及多语言的混合识别。在深度上，从单字识别扩展到句子识别，识别的对象越来越复杂。针对图像视频往往具有图文结合的特点，已有部分工作开展图像视频协同的文本高层语义融合分析。

图像视频中的文本语义理解处理框架包括文本与非文本图像的鉴别、图像中的文本检测与识别、视频文本识别、文本与图像的高阶语义理解四个主要环节，其中文本检测按文本呈现的形式，分为文档图像、自然场景图像、数字合成图像以及视频中的文本检测。文本检测的结果，可以统一进行文本识别，并结合图像视频进行高层语义理解。

（一）自然场景图像中的文本检测

早期的自然场景图像文本检测方法主要基于纹理特征，这类方法将文本当作一种特殊的纹理结构，利用纹理特殊属性，结合滑动窗口和分类器区分文本区域和非文本区域。此类方法存在如下不足：因文本出现的尺度和位置不同，这类方法需要对图片进行多尺度缩放且密集判决；该类方法对文本的呈现方向比较敏感，很难处理多方向文本的检测。

基于连通域的文本检测方法，首先提取图片中的候选字符，然后通过手动设置的规则或者训练分类器过滤掉非文本部件，最后将这些文本部件进行组合生成文本行。这类方法具有对文本的旋转、尺度变化以及字体多样性不敏感的优点。基于连通区域的文本检测，应用最为广泛的两个方法是笔画宽度变换（Stroke Width Transform，SWT）和最大稳定极值区域（Maximally Stable Extremal Regions，MSER）。

基于连通域的算法从字符组件出发，可以更好地适应文本多尺度字体变化以及多方向等问题。但是过多的手工设计过程，使该类算法检测效率低下，同时需要大量的参数调优，因此针对复杂多样的场景环境健壮性较差。

基于深度学习的文本检测算法具有速度快、效果好的优点。然而，文本的多方向以及细长形状的特性，使得一般物体上的检测算法在文本检测领域都需要调整或者重新设计。深度学习算法需要大量的标记样本，这对多语种往往是不现实的，如何在小样本、多语种情况下提高文本检测精度，仍是具有挑战性的问题。

（二）文本与非文本图像的鉴别

文本与非文本图像的鉴别，可作为文本检测与识别算法的预处理，提高文本检测与识别算法在处理海量图像时的效率。目前该领域处于起步阶段，大体的方法包括基于特征编码的分类算法和基于图像尺度划分的算法。依次借助 MSER 提取文本区域块，借助 CNN 提取区域块特征，最终利用 BOW 进行综合文本区域特征来获得图像的整体表示,实现文本与非文本图像的鉴别。

由计算机软件生成并被保存为数字图像(如邮件、网页等)且存在文本的图像,通常称为数字合成图像。相较于自然场景中的文本和文档图像中的文本,数字合成图像中的文本在检测识别上有更大的难度。原因在于背景复杂、文本特征(尺寸、方向颜色等)随意、分辨率较低、压缩损失、文本线条较细等特点。目前,用于检测文档文本以及自然场景文本的方法并不能直接用于数字合成图像的文本检测识别。因此,更有效的方法有待继续研究。

(三)视频中的文本检测

目前网络中的非法内容大量存在于视频中,根据是否使用视频中的时域信息,可以把现有的视频文本检测方法分为两大类:检测过程中只对单个视频帧或者关键视频帧进行处理;检测过程中不仅使用单帧信息,而且使用了连续帧之间的时域信息。

目前大部分视频文本检测方法是先对单个视频帧进行文本检测,然后使用跟踪方法跟踪检测到的文本框。这些方法对文本的时域信息和运动信息利用不足,容易导致跟踪失败,也难以处理多方向运动的文本和多目标文本的跟踪。相比于静态文本检测中取得的进步,目前对于视频文本的研究才刚刚起步,尚未形成完整的研究体系,许多基础理论也需要进一步完善。如何综合利用视频中的时间和空间信息,更好地融合检测、跟踪信息来提高检测和识别的精度,还有如何提高视频文本检测速度等都值得深入研究。

(四)文本识别

目前,场景图像和合成图像在文本检测和分割之后,一般采用已有的文本识别(字符切分和识别)方法或商用 OCR 软件进行识别,没有充分考虑和利用场景文本与合成图像文本区别于扫描文档的特点(如分辨率较低、字体和颜色变化多等)。有些文本检测已经采用了字符或词识别器,如最近距离分类器、树结构字符模型、基于条件随机场(CRF)的词模型、random ferns 分类器、深度神经网络等,这些也都是文本识别的一般方法。

文本识别研究已有半个多世纪的历史,近年的研究主要集中在手写文本和低质图像(如噪声严重、低分辨率)印刷文本的识别,取得了一系列新的进展。由于字符切分困难,一般以一个词或整个文本作为识别对象。根据其中的字符切分策略,文本行识别方法可分为两大类:基于显式切分的方法和基于隐式切分的方法。前者又称为基于过切分的方法,结合字符识别器、语言模型和几何上下文对候选切分——识别路径进行评价和搜索。隐式切分的方法是把文本行图像分成滑动窗序列,用隐马尔可夫模型(HMM)进行建模和识别。最近比较先进的具体方法包括再生神经网络 LSTM、HMM—神经网络混合模型、贝叶斯融合、条件随机场 CRF 等。这些方法也可用于场景文本和合成文本图像的识别，但需要在字符切分和特征提取中考虑图像的具体特点。

文本识别的字体自适应和图像质量适应也是值得重视的问题。在书写人手写识别和多字体印刷文本识别的场合，一般是采用大规模多风格、多字体样本训练分类器，但这样得到的分类器不能保证对所有的风格或字体都能高精度识别，尤其是对没有训练过的风格。因此，研究对风格自适应的分类方法是一个重要方向。已有的书写人适应或字体适应方法可以分为两大类：基于模型的方法和基于特征的方法。前者对分类器参数进行适应；后者对特征空间进行适应。基于特征的方法在适应样本较少时性能稳定，代表性方法有最大似然线性回归（MLLR）、风格迁移映射、判别线性回归等。场景图像和合成文本图像中字符往往很少，若在文本识别中引入自适应，现有的方法不一定能提高识别性能，有必要研究在极少样本情况下的自适应策略。

第三节　视频数据智能分析挖掘

一、视频结构化描述技术概述

视频结构化描述（Video Structured Description，VSD）的目的是要构建视频语义网络。在此视频内容语义网下，实现时空域内视频内容的全面感知，同时通过网络化的语义内容，对视频理解进行深度挖掘和推理。视频语义网是 VSD 的目的，同时也是 VSD 实现的手段。视频语义网涵盖两个层次：第一个层次为领域本体与本体、本体与属性特征、本体与衍生本体的相互连接形成网络；第二个层次为跨时空域视频图像构成的信息网络。语义化和语义关联推理，渗透在两个过程中。

（一）视频结构化描述技术核心问题

视频结构化描述表现为在本体领域知识网络的指导下，对视频图像进行深度理解，生成实例化的本体网络，相互联系的本体实例通过反馈把推理结果反馈到视频理解过程中，最终到最优的视频内容语义化网络。其中的核心问题主要包含以下三个方面。

1. 业务领域知识库构建

视频结构化描述的主要任务是对视频进行准确高效的解析与语义互联。从数据的状态变化上看，这是一个由图像数据到文本信息的转化过程，在由图像到文本的转换过程中，知识库起着至关重要的作用，它指导着图像的识别、分割，内容信息的组织、描述、管理以及应用等全部过程。知识库的构建,从一个典型的视频监控应用场景的视频内容解析出发,通过挖掘视频监控知识和创建监控知识本体,实现对视频监控通用知识的语义建模,并研究视频监控的知识模型对视频内容建模、自然语言描述等技术实现之间的影响。

视频结构化描述知识库建立的研究内容包括面向业务需求的视频语义知识库构建技术研究,收集和整理视频结构化描述资料,研究视频结构化描述应用知识的提取方法,为视频结构化描述信息提取和应用建立视频结构化描述的行业应用知识库,实现视频结构化描述应用知识的系统化、自觉化管理和知识演化。

2.视频语义化

由于视频内容的多样性,同一目标在不同场景下的表现不同以及不同场景、不同目标、不同特征、不同关注事件采用的模型方法不同等特点,视频语义化技术用来实现视频分析与语义理解,将视频内容组织成可供计算机和人理解的文本信息。

3.关联信息的综合分析和推理

实现分布在各种载体(信息空间载体、物理空间载体、社会空间载体)的视频资源在语义层上互联?可消除资源语义孤岛。通过简洁的方式从资源空间映射到语义空间,可实现多源海量异构视频资源在语义层的互联。如何实现自主的语义互联,通过与资源的规范重构相结合,形成单一语义映像,使得各种资源在简洁的语义空间中得到统一和互联。

(二)视频结构化描述技术关键技术

1.领域知识的本体描述模型

在视频理解领域,知识可以辅助视频理解,并可以作为视频理解输出的信息。辅助视频理解的,构成视频分析的先验知识;视频理解的输出,是先验知识在视频内容的实例化。领域知识的构成,包括描述子(也就是描述模型)、描述特征的统计分布,以及业务领域内各个描述特征和本体的相互联系,这些关系构成领域知识网络。

领域知识树本质上是通过规则相互联系本体的拓扑网络结构。领域知识本体关系规则模型是多样性的,可以是静态的,也可以是动态的;可以是树状的,也可以是网络的;可以是通用领域的,也可以是行业特征明显的专有领域知识。这些知识规则混合在一起,知识的利用也是各个层次关系规则的充分利用。为了知识模型构建的方便,可以按照视频理解角度对知识的关系进行划分,包括领域本体子集关系模型、本体分解特征关系模型、本体动态交互关系模型、领域事件关系模型。

描述子是对本体和本体特征的各种描述方法和模型。对同一本体目标的描述可以是局部的,也可以是全局的;可以是抽象的,也可以是具体的;可以是低层次的,也可以是高层次的。特定情况下,某个描述子参数的统计分布,同样构成重要的领域知识。此外,目标本体之间关系也是复杂的,并且呈现出一定的层次性。静态层包括子集关系、属性关系等;动态层包括本体和本体的交互作用、时间空间逻辑关系等;业务层是指本体与业务领域知识相关的关系。

2.视频理解模型和方法

视频结构化描述技术通过领域先验知识以及视频理解模型,对视频中所关注对象、行为及事件进行分析、理解,将视频按照预先构建的语义本体进行相应的结构化描述,提取视频内有用的语义要素,并建立语义要素之间的语义关系。换言之,就是将视频在模式识别过程中所提取的数据进行规范的基于语义的构造。

3.基于云计算的视频内容的检索和推理

基于视频结构化描述技术的系统往往由分布于各个不同地点、具有不同处理能力和处理架构的前端视频采集系统、视频分析服务器、后台数据管理中心组成。每个前端视频采集系统都在源源不断地获得监控视频的内容,并使用视频图像处理技术在前端或后端进行分析,将获得的数据以一定的形式组织起来并提供相应服务。由于视频处理架构涉及大量监控视频的内容分析、数据管理、语义关联和数据挖掘等工作,其系统规模大、工作负载大,所以具体的协调和负载平衡等具有很大的难度。

为了更好地协调和整合全局系统处理能力,快速推动视频大数据的知识推理和挖掘工作,视频结构化描述系统的构建需要引入云计算技术。云计算体系能够充分协调各个部件的工作,从而实现系统资源的高效利用,降低系统运行的总体成本。通过云计算的各种不同粒度的管理模式,可以有效地将端用户、云服务和云终端衔接起来,满足不同类型用户和应用对于计算资源的需求。同时,云计算模式可以帮助实现各类知识,如语义信息的有效联结构建出一个大规模的综合性知识网络。这对视频结构化描述系统的外延和扩展具有非常重大的意义。当前基于云计算技术的视频系统服务主要面向的是视频流媒体分发业务,利用云架构的强大能力将视频推送到各个视频点播终端。

VSD具有开放化、标准化和通用化等重要特点。它采用标准化接口,使得系统具备了兼容性和可扩展性;建立了标准化体系架构和标准,视频结构化都要在同一架构和标准下进行;保证了数据网络的形成,使得跨平台、跨产品、跨领域得以实现;采用通用性架构,灵活适配各种场景,解决各种具体化问题。

视频结构化描述不是一个独立层面的问题,除了单个视频的视频理解的准确度要求之外,视频与视频之间、视频集合与视频集合之间也需要建立相应的语义互联。视频结构化描述是一个以业务为导向,进行海量视频语义互联,对单个视频的模式识别进行语义指导，并对单个视频的模式识别结果进行语义规范表述的视频理解技术。

（三）视频结构化描述技术基本架构

1.模式识别层

针对单个视频的对象识别、对象之间关系的识别结合相应的语义技术，提高视频理解、模式识别的准确度。

2.视频组织层

对视频与视频之间语义关系进行互联，海量的视频通过彼此之间的语义关系进行组织，并进行管理。

3.业务需求层

针对特定业务的视频集合，一个业务需求犹如一个事件，集聚了很多的相关视频。业务需求与业务需求也可以按照彼此之间的语义关系进行互联。

二、基于视频结构化描述的视频侦查技术

（一）视频侦查对象描述

1.特征和行为的识别描述

特征和行为的识别描述是指采用视频结构化描述的技术思路，在面向视频侦查应用的监控视频内容描述模型的指导下，针对视频侦查应用中所关注的对象及其特征、行为的分析和理解，生成多粒度、多层次的语义信息问题，实现典型监控场景的视频分析与语义理解。其中，需要突破监控视频人员识别、车辆识别、监控对象行为理解、监控场景理解等视频侦查应用所急需的关键算法，从而有针对性地提高视频结构化描述对于视频侦查应用的实用性、可靠性和高效性。

2.目标检测和分类

在目前的图像分析算法中，对于目标的检测与识别一般采用背景建模和运动分割的方法。首先，建立监控场景的背景图像，之后利用差值计算检测出前景目标的所在区域，最后利用前景区域的图像特征，包括目标轮廓、颜色、纹理和形状特征等来判断目标所属类别。这种方法通用性好，但要实现目标识别需要对场景的背景图像预先建模，并且在前景目标分割的多个步骤中可能会有误差的累积，影响结果的准确性。如果应用场景是特定环境的场所，则可以利用对场景的先验知识，预先判断场景中较为常见的目标所在区域和目标特征，并将其与当前系统的观察结果相匹配，以实现场景中目标的快速检测。

不同类型目标的有效特征信息间存在着明显差异，如对人和车的特征描述所面向的是完全不同的描述特征。人的有效特征包含身高、体型、步态、衣着图案、衣

服颜色等,而车的有效特征则包括车牌号码、车标、车身颜色等。为了对关注目标进行有效的特征提取,就必须在目标检测的基础上区分出不同的目标类型,以提高特征提取的针对性和准确度。针对视频侦查应用的典型需求,可以将目标分类限定为人员、车辆和物品三类。

图像理解的一个技术难点就在于对图像中的物体进行准确分类。首先,需要根据图像分析算法进行图像特征和其他知识获取,进而根据结果对关注目标的类别进行判定。对于关注目标的分类是后续视频行为理解、视频结构化描述等其他步骤的基础。对于该问题,在使用健壮性强的有区分力的图像特征基础上,将充分利用警务知识库中对特定监控场景的知识描述,以减少场景内物体检测候选集,并利用物体类型知识,达到快速准确的目标分类。

3. 关注特征

现有的大规模视频采集系统通常采用各种类型的采集设备并安装在各种不同的外部环境中。在日积月累的使用中,这些设备所产生的视频图像数据规模巨大,包含很多与视频侦查内容相关或是无关的信息。同时,由于外部条件的影响,所产生的视频质量差异也很大。其中,既包括高清视频,也包括标清视频;既有光线明亮的场景,也有光线暗淡的场景。为了更好地将 VSD 技术应用到视频侦查应用中,系统必须能够处理多种质量的视频源,获取各种视频采集系统所获得的视频图像数据,并对其中的特征信息进行有效提取,剔除与视频侦查无关的内容,针对有效内容进行合理管理和组织。

视频对象特征的提取是视频侦查工作中重要的基础环节,要求能够从不同质量的视频源中提取出可靠的目标,减少目标特征的误检和漏检情况,并在冗余信息剔除过程中保证不遗漏有用的内容线索。对于人员特征描述,视频侦查中常用的关注点包括外形特征(身高、体型、发型、面部特征、服装颜色、服装图案、服装样式、服装搭配、鞋帽特征、携带物品)、行为特征(步态、跑动、手臂摆动、交通工具)等。如前面所述,这部分特征中的一部分可以通过视频结构化描述技术直接获取,另一部分则通常需要侦查员根据经验感觉判断获得。对于车辆目标,车牌、车标是其非常重要的一组特征,因此在视频侦查应用中必须完成精确的车牌、车标识别。此外,车辆的特征还包含车型、车身颜色、车窗、车轮等多种可辨识的特征,这类特征可以在条件允许的情况下尽量提供描述。相对于比较明确的人物和车辆特征来说,物品是没有特别定义的一般性目标,因此没有具体特征与其相对应。在基于视频结构化描述的视频侦查应用中,可以考虑提取外形轮廓、颜色、图案等容易分辨的显著特征。

(二)视频侦查对象标注

目前的视频图像分析识别算法能够实现目标的快速检测和分类,同时对于所关注的部分特征,如车辆的车牌、车型、速度、车身颜色以及人员的身高、衣着颜色、行进速度等可以做到比较准确的识别描述。然而,对于一些比较复杂的特征,特别是对于人员这种非刚体目标的特征,仍然难以做到非常精确的识别。对于步态、手臂摆动这些非常细微的特征来说,很难通过现有的计算机图像分析算法实现自动描述。

但在现有的视频侦查应用中,一些细微特征(包括步态等)往往是帮助侦查人员判定嫌疑人的关键依据。因此,除了计算机的自动识别处理外,应当在系统中加入人工参与的部分来修正和完善视频内容识别与描述的结果。在这类系统中,计算机应当能够准确检测出所有出现的可能目标或事情,达到最低的目标漏检率。在此基础上,计算机完成所能够识别的目标特征,实现视频内容的自动标注。同时,对于无法识别的部分目标特征提供相应接口,供视频侦查人员后期补充,从而实现视频内容的人工标注。在自动标注和人工标注相结合的方式下,可以保证对目标特征的完善获取和录入,以便后期嫌疑目标检索和线索推理的准确进行。

在对视频内容目标提出一系列与视频侦查紧密关联的关注特征后,侦查人员可以通过计算机自动识别、人工识别等方式获取相关信息以服务侦查工作。然而,现在大多数类似系统没有对相关特征作出明确的定义和分类,这也给视频侦查应用带来了难点。在视频结构化描述系统中,为了便于侦查人员在后期准确实现目标检索和线索发现,视频内容描述和标注工作需要实现对于特征的描述标准化,对于各个具体特征值和其所属类型给出明确而规范的定义。

视频侦查图像信息表达标准化工作需要从视频监控的知识库出发,在现有国标或行标对视频内容描述所提出的相关描述对象、描述词汇等元数据的基础上,建立与视频侦查工作紧密相关的视频内容描述模型,并与规范化定义相应的描述语言,对视频描述的知识样本进行有效管理。描述模型需要合理表达视频侦查所面向的视频内容中的各种实体类型,所使用的描述语言需要具有较强的扩展性和自描述性,能够描述信息本身的含义以及各个知识样本之间的交互关系。同时,视频描述模型的建立还需要考虑到与其他警务知识系统的交互性,提供高可用的多系统交互能力。视频内容的标准化需要符合一线办案人员的实际经验和需求,以保证视频信息数据在实际应用过程中的应用特性,并在此基础上达到对视频描述特征的全面、精准和规范描述。

(三)视频侦查对象检索

视频目标检索是视频侦查的重要应用手段之一,对于目标嫌疑对象的快速发现具有直接的帮助作用。在视频结构化描述系统的目标检索应用过程中，首先应面向单一视频资源中出现的关注目标，通过目标特征和行为的识别描述技术对其进行有效的特征提取，并将相关目标信息以标准化的表达形式存储于数据库中。接下来，根据关注目标特征信息，对视频资源知识库的视频描述分析特征提取结果进行对比检索，从而能够在多视频源的情况下快速准确地识别出关注目标。然后将包含该关注目标的关键帧信息自动截取，并在跨数据库分析技术的支持下，给出时间、地点、场景等要素，一并呈现给检索者，实现对关注目标的高效精准检索。

(四)视频侦查对象追踪

目标追踪和轨迹描述的监控对象往往是运动的人或者车辆。当需要对特定对象进行连续监控的时候，就需要进行目标跟踪。具体到视频侦查的应用过程中，需要对关注目标的行进路线进行实时观察，以方便后续工作的展开。总体上，视频结构化描述系统中的目标追踪和轨迹描述分为单摄像头和跨摄像头两种情况。单摄像头追踪是传统的监控对象跟踪，指的是在同一视频镜头内，通过特征或者模型的匹配，对特定对象进行从进入画面到消失过程当中每一时刻位置信息的标注。而由于视频侦查需求的特殊性，又出现了在多个监控视频当中跟踪特定对象的问题。

针对单摄像头的目标追踪主要是基于视觉图像技术的轨迹描述。室内外的运动目标跟踪和行为理解可以为视频结构化分析提供有效依据，同时也是计算机视觉的难点问题。当前跟踪技术的前沿主要针对多运动目标的跟踪算法，其核心问题是数据关联问题。在系统中可以采用国际上比较流行的联合概率数据关联的方法，将多目标跟踪问题转化为计算联合关联概率问题。这种算法不仅具有很高的实时性，而且有着不错的跟踪性能。

跨多摄像头的轨迹描述指的是对跨剪辑的特定目标出现的时空特征进行分析，对目标出现的空间位置序列按照时间节点顺序进行排列，并给出其在特定时间段内的运动轨迹刻画图，以用于案情分析和人员筛查等。目前，在实际办案中需要耗费大量精力解决跨多视频进行轨迹追踪的问题。视频侦查人员在实际办案中首先将人工查看视频的目标发现结果分摄像头进行总结，将关注目标的性别、人数、体态、运动方向、交通工具、视频中出现的时间等进行归纳和罗列。接下来进一步对比各个不同监控视频的对应地点和时间进行综合判定并确定嫌疑人的轨迹。

在面向视频结构化描述的侦查系统中，可以利用计算机对单摄像头目标的跟踪结果，并结合目标检索的功能和摄像头的位置关联信息辅助快速完成目标的轨迹描述。具体地说，就是基于摄像头角度、目标运动速度和出现时间、特征匹配等多种方式完成目标在多个摄像头视频内容的捕获，实现轨迹追踪的自动化工作。由于可能存在精度不足和技术限制的情况，因此也应考虑采用人工干预的方法来纠正昏暗场景下追踪难度大,易发生目标丢失、交错的问题。

(五)视频侦查对象线索获取挖掘

在实现前述警用知识样本的收集和管理等工作的基础上,如何从样本中提取能够服务于视频侦查应用的信息是一个关键问题。在面向视频侦查应用的特征建立知识库和推理机制时,首先应当提取可信的知识样本,解决信息交互的异构性问题,提高视频结构化描述结果的精度。接下来,需要设计实现跨问题域、跨系统的知识库和推理机制,以实现知识库的不断演化。此外,还需要建立专家知识库,以建立具有很强实用性的大规模关联研判平台。

为了减轻视频侦查的负荷,侦查员希望能够通过视频处理的方式过滤掉无目标或明显不符合目标特征的视频,但同时又不忽略一切可能的蛛丝马迹。这种情况下可考虑使用视频摘要技术,以在缩短视频浏览量的同时包含一切需要进一步跟进的内容。视频摘要是对视频内容的浓缩,保持了视频内容随时间动态变化的视频固有特征。一般是智能选择关键帧,提取其中的关注对象,再将这些能够刻画原视频内容的小片段加以编辑合成。同时,还可以在视频合成的同时融合图像、声音和文字等信息,以突出显示关键帧中具有高区分性的目标信息。

在具体实现上,系统利用视频结构化描述技术对监控视频数据进行加工后,形成视频内容索引。当用户访问系统时,根据索引摘要的内容调用感兴趣的目标在视频中出现的时间和位置。用户可根据时间、地点等信息快速批量导入视频,并在场景无变化时跳帧播放、在有活动目标时正常播放,以实现大量无关键目标视频的内容压缩和视频内容的无遗漏检索,节省大量侦查时间。

在实际视频侦查应用中,以上所有特征提取、存储、检索和推理机制的前提是具备良好的视频源样本,这也是办案人员实际使用中所关注的重要问题之一。

首先,需要解决视频清晰度的问题。从硬件层面上看,这需要进行摄像头的升级,以提升前端视频采集设备的分辨率。然而,这也在一定程度上对网络架构的设计提出了更高的要求,因此,需要在视频的清晰程度和系统基础架构压力间找到一个平衡点。从软件层面上看,这就对视频编解码技术提出挑战,要以最小的数据码流传送最清晰的视频内容。

此外,还需要解决由于光线差异所引起的成像差别问题。多个不同的摄像头存在色彩表现力差异,而同一摄像头在白天、晚上和不同灯光照射下也会有不同的效果。这对视频目标的特征提取是一个重要问题,会在很大程度上影响侦查员的判断。因此,需要采用色差校正算法结合样本训练的方法做色差纠正,并在最终的视频描述中将结果统一起来,以便侦查人员后期使用。

第四节　警务数据智能分析挖掘

一、警务数据知识库构建需求分析

(一)警务数据知识库的作用

1. 资源规范重构

规范组织是信息资源整合的有效方法,但目前的多源海量异构资源缺乏自组织性。因此,如何协调规范性和自组织性是使资源整合的关键问题。通过定义一套标准的语义空间的范式来规范重构各种多源海量异构资源并与对等网络技术、云计算技术、分布式存储技术相结合,使多源海量异构资源环境下的无序资源规范化,使资源操作更准确、方便,以实现有效的资源共享。基于警务知识库的模式识别层,在基于警务知识库辅助的基础上,需要对这些解析出的要素进行基于语义的规范重构,按照语义技术对其进行表示与存储。

2. 海量资源语义互联

警务知识库的建立可以实现分布在各种载体(信息空间载体、物理空间载体、社会空间载体)的资源在语义层上互联,消除资源语义孤岛。通过简洁的方式从资源空间映射到语义空间,可实现多源海量异构资源在语义层的互联。随着信息技术的发展,信息系统通过各种传感器与物理世界不断融合,构成了一个信息物理社会。警务知识库的建立可以突破多种社会感知手段的互操作、标准化与实时性瓶颈,创建基于整合空间的语义感知及其他各种社会数据的公共安全社会感知方法,建立便于跨区域、跨媒体、跨网络的社会信息传感机制及动态信息互操作体系,奠定动态融合感知的标准化、互操作的实施物理基础。警务知识库的建立,可以实现自主的视频资源语义互联,通过与语义技术相结合,形成单一语义映像,使各种资源在简洁的语义空间中得到统一和互联。

3. 警务需求的资源智能聚融

警务知识库的建立可以帮助解决多源海量异构资源环境这一复杂系统的自组织和优化,从而使系统变得更有效力。智能耦合可使各种资源动态耦合起来为某种应用(或具体警务案件)提供智能服务。警务知识库的建立可以通过特定的组合规则,以最佳的协作方式集成个体元素,获取更多的有用资源,扩大时空搜索范围,提高目标的可探测性;提高时间和空间的分辨率,增加目标特征矢量的维数,降低信息的不确定性,改善信息的置信度;增强系统的容错能力和自适应能力;降低推理的模糊程度,提高决策能力;弥补系统自身资源的不完善性(不完全、不精确、不一致、不确定、未知信息等)。

(二)大数据辅助警务数据知识库构建

1.保障警务知识库的知识演化

知识不是静态不变的,随着新知识的产生以及旧知识被赋予新的含义,知识在不断地演变。而准确地把握知识的演变、及时地更新知识库就需要一个强有力的载体作为支撑。公共安全大数据由于其本身的资源更新特性,可以作为警务知识演化的载体。

2.保障警务知识库的知识挖掘

知识分为显性知识和隐性知识,显性知识可以通过以后的规章制度进行挖掘,例如交通法规等。但是,隐性知识则需要大量的资源提供挖掘的载体。时序关联、空间关联、语义关联的资源都可以提供隐性知识挖掘的素材。例如,连续多天的视频都显示某辆车在同一个路口出现,并且出现时间的间隔不长,那么可以从中挖掘出这辆车的驾驶者可能在附近上班。

3.保障警务知识库的知识准确性和专业性

知识的准确性依赖于知识挖掘素材的规模与这些素材本身的质量。知识的专业性依赖于素材本身是否专业,即是否在一个领域内较为专业,是否为较为具有代表性的素材。公共安全大数据作为专业的警务管理平台,其资源具有海量特性,在数据规模上保证了构建的警务知识库的知识准确性。同时,由于资源都是由各地公安机关上传或者托管的,所以也保证了资源本身的专业性,具有较小的噪声,可以保证构建的警务知识库中知识的专业性。

二、警务数据知识库构建方法

警务数据知识库的构建目标主要针对公安中的典型应用(如交通视频监控场景),研究信息准确解析的关键技术,对特定领域的知识进行语义建模,包括专家知识总结和机器学习相结合的知识获取方法、语义建模工具,实现对知识的本体表示和管理。通过对特定范围内知识的获取和语义建模研究,实现信息准确解析并且结构化描述的技术路线,即实现在知识库和语义建模指导下的信息提取和应用,主要研究内容为以下几个方面。

(一)警务应用需求的收集整理

警务知识是一线公安业务部门在长期应用实践中所积累的经验、形成的规律等。它既包括警务事件的要素和发生规律,特定场景之间、事件之间的相互关系,场景和事件与外部因素之间的相互联系,也包括其他应用规律等。警务知识与具体的公安业务密切相关。警务系统的运维部门和应用部门,如各社会治安、刑事侦查大队和各级公安机关都有不同的应用要求和使用目的;不同地区的警务应用也存在着不小的差异。对这些应用和需求进行科学梳理是警务知识建库必不可少的一个环节,决定着警务知识收集的范围和研究整理的内容。

(二)警务知识文档的采选和整理

完成对应用和需求的整理后,警务知识语义建模是从文档收集开始的。必须首先解决文档的收集标准问题,也就是收集的范围和种类。警务实践中所使用的各类标注用字典是一线人员在长期的应用中总结出来的知识,兼具结构化和半结构化的特点。但是大量的知识是通过应用案例、系统监控日志等非结构化的文本信息来体现的,甚至是口头表述的应用经验。由于这些文档素材的撰写标准不尽相同,应用的目的和环境差异也很大,并不适合直接用于语义建模,所以必须对收集来的文档做人工整理、分类和标记等预处理,以供后续知识获取和语义建模使用。

(三)知识文档分析和知识获取

警务知识多由经验丰富的专业人员和应用专家掌握,包括显性知识和隐性知识。它具有分布较零散的特点,较少有系统性、规律性的总结,概念、规则等是这些知识的主要内容。警务知识的获取,先界定本领域内的概念内涵,对警务应用涉及的术语进行定义,制定术语表,对各概念的属性进行整理和描述,而规则反映了概念之间的关系。

(四)警务知识本体建模

警务知识本体形式化地表达了领域内的基本概念、属性、处理方法和内在关系,是对警务知识的组织。引入本体的概念和使用本体建模理论构建警务知识的语义模型,可以充分利用知识本体的高可靠性和高可重用性,并将通用知识表示标准和交换协议应用到警务知识的管理和共享中。

(五)描述标记语言设计

这是采用何种方式对语义模型进行描述、对警务知识进行表示的问题。首先需要确定语义模型中涉及的术语列表,其次是采用何种描述标记语言和规范表示知识本体。

三、警务数据知识库的关键技术

警务知识库建立的研究内容包括面向业务需求的语义知识库构建技术研究,收集和整理视频结构化描述资料,研究警务知识库应用知识的提取方法,建立行业应用知识库,实现应用知识的系统化、自觉化管理和知识演变,主要涉及的关键技术有以下几点。

(一)警务知识库知识样本集的管理

对警务应用和需求进行相关整理后,警务知识库语义建模是从文档收集开始的。必须对收集来的文档做人工整理、分类和标记等预处理,以供后续知识获取和语义建模使用。同时,需要对当前获取的警务知识的来源分散、知识源(即知识样本)管理的无序化等问题进行研究,从而对视频解析中心知识库所需的知识源进行有序化管理,实现对知识源的订阅、发布、审核、协作修订、访问控制等功能。

(二)警务知识库描述知识的获取和挖掘方法

在实现知识样本的收集和管理等工作的基础上,如何从样本中提取有关应用的一般规律是一个重要的研究内容,即如何实现知识的有效获取。由于警务知识库面对的知识样本集的规模较大,手工进行知识抽取显然难以满足实际需要。因此,需要通过统计和机器学习等辅助手段帮助领域专家抽取实际应用中所关注的人、车、物、行为、事件等概念,形成警务知识库描述领域知识本体。一方面,规则的提取可以在领域专家指导下通过总结显性知识和分析文档获得;另一方面,必须设计适当的算法,依靠机器学习的手段,通过对文档内容的知识挖掘获得。

(三)警务知识库设计框架及实现

在获取相关警务知识的基础上,需要构造涵盖相关警务知识的警务知识库,需要研究如何搭建警务知识库的设计开发环境,提供辅助建模手段,实现可视化的语义模型编辑、语义模型编译、语义模型存储以及语义模型一致性验证等功能,以对数据及其描述数据的可信、高效、绿色存储及有效管理为目标,研究海量数据(非结构化数据)、结构化描述数据(半结构化 XML 数据)、知识本体数据(图模型数据)的一体化数据管理问题,包括分布式数据存储与处理技术、数据的多粒度共享技术和访问控制技术等,构建安全、高可用的海量视频内容非结构化数据库系统,实现警务知识库的数据库系统管理。

(四)警务知识库语义元数据的互操作性注册

首先,需要确定语义模型中涉及的术语列表,其次是确定采用何种描述标记语言和规范表示知识本体。可以参照 WordNet、RDF(Resource Description Framework,资源描述框架)、OWL(Ontology Web Language)等通用语言或语言标准,按照项目的要求进行定制开发。由于警务知识库往往涉及多个不同的业务,这些知识在与不同业务相关的子问题域中的描述方式和含义上都存在差异。同时,警务知识与其他领域的相关信息,如天气、地理、卫生、电力等信息也存在异构性,为了支持跨领域和跨越各个子问题域的全局性检索与知识共享,有必要对各种异构的元数据进行统一注册。需要研究如何建立统一警务知识库元数据注册库,促进异构元数据间的互操作和有序化管理。

资源描述框架是一个使用XML语法来表示的资料模型，用来描述Web资源的特性及资源与资源之间的关系。RDF是W3C在1999年2月22日颁布的一个建议，制订的目的主要是为元数据在Web上的各种应用提供一个基础结构，使应用程序之间能够在Web上交换元数据，以促进网络资源的自动化处理。RDF能够有各种不同的应用，例如在资源检索方面，能够提高搜索引擎的检索准确率；在编目方面，能够描述网站、网页或电子出版物等网络资源的内容及内容之间的关系；而借着智能代理程序，能够促进知识的分享与交换；应用在数字签章上，则是发展电子商务、建立一个可以信赖的网站的关键；其他的应用还可涉及诸如内容分级、知识产权、隐私权等。

(五)警务知识库知识推理方法

警务知识库应用的一个重要内容是实现知识的查询、推理等。在语义标识的元数据注册库的基础上，研究如何建立警务知识库中多个问题域相关的知识进行有机的关联，开发相应的推理引擎，实现对跨领域的知识查询和知识推理。考虑到警务知识库会随时间和环境的变化而变化，例如应用流程的改变、应用方式的修改、新的政策法规的出台等，此时相应的知识必须实现更新以及对新的应用需求提供支持，研究警务知识管理在保持知识一致性的情况下的知识演化问题。

第五节　人证合一数据分析挖掘

一、人证合一分析挖掘需求分析

人证合一验证是一种用于对进出人员身份证电子照与现场人像照一致性进行核验的人员身份核查手段，主要应用于交通集散地等重要场所，是一种保证公共安全的重要支持技术。在实际应用中，人证合一验证技术要解决身份证电子照片分辨率低、现场人脸图像受光照及头部姿态影响较大、人员面貌变迁等重要问题，以降低虚警率，切实提高系统效能，有效预警，服务实战。人证合一系统的开发与应用，既与实际生活紧密相连，又是服务警务实战的需要。

人证合一核验技术从技术领域来说，它属于人脸识别技术范畴。这种技术摆脱了依赖人工的经验和识别能力判断人员相貌和证件照是否一致的方法，采用人脸识别技术进行自动研判，确定持证人是不是本人，结果只有两个，“是”或者“不是”。这种人脸识别方式，也叫作“1∶1人脸识别”，或叫作“人脸验证”。

与人工判断过程不同的是，人证合一技术不是判断印刷在身份证表面的照片与现场持证人的相貌是否相像，它是通过电子设备读取身份证芯片里面的身份证照片（和印刷在身份证表面的照片是一样的），并和现场摄像头拍摄的持证人当前的人脸照片进行自动比对，以判断是不是本人。

二、人脸检测技术

（一）基于深度学习的人脸检测

深度学习是近十年来人工智能领域取得的最重要的突破之一，在语音识别、自然语言处理、计算机视觉、图像与视频分析、多媒体等诸多领域都取得了巨大成功，近期，深度学习的一个重大成功应用是人脸识别。

深度学习的本质是通过多层非线性变换，从大数据中自动学习特征，从而替代手工设计的特征。深层的结构使其具有极强的表达能力和学习能力，尤其擅长提取复杂的全局特征和上下文信息，而这是浅层模型难以做到的。一幅图像中，各种隐含的因素往往以复杂的非线性的方式关联在一起，而深度学习可以使这些因素分级，在其最高隐含层，不同神经元代表了不同的因素，从而使分类变得简单。

深度模型具有强大的学习能力、高效的特征表达能力，从像素级原始数据到抽象的语义概念逐层提取信息，这使得它在提取图像的全局特征和上下文信息方面具有突出的优势。以人脸为例，它可以学习针对人脸图像的分层特征表达。最底层可以从原始像素学习滤波器，刻画局部的边缘和纹理特征；通过对各种边缘滤波器进行组合，中层滤波器可以描述不同类型的人脸器官；最高层描述的是整个人脸的全局特征。

目前，无论是学术研究、实验验证，还是实际产品应用，基于深度学习的人脸识别都取得了传统方法无可比拟的优势，被业界所认可。在人脸检测方面，人们发展了基于深度学习的多视角人脸检测算法，此方法能够做到实时检测不同视角下的人脸图像。

基于深度学习的人脸检测算法步骤如下：首先，采用图像类前景子区域提取的方法（如选择性搜索 Selective Search 等）提取视频、图像中的候选区域，利用深度卷积神经网络从候选区域提取特征，然后利用支持向量机（Support Vector Machine，SVM）等线性分类器基于特征将提取的前景子区域分为人脸和背景，最后将得到的人脸子区域进行融合与筛选，得到图像中可能是人脸的区域。

基于深度学习的人脸检测算法与传统的人脸检测算法相比，其准确率提升明显，主要取决于深度卷积网络结构的设计。如果一个网络结构能提高图像分类任务的准确性，通常也能使物体检测器的性能显著提升，缺点是对图像的处理速度较慢。目前针对该算法的加速改进已经取得阶段性成果，基本可以得到实时的检测速度。

(二)基于深度学习的人脸关键点检测

在人脸检测的基础上，采用基于深度学习的人脸关键点检测和对齐算法，对检测到的人脸图像进行对齐处理。其中，对人脸关键点检测进行优化，可以对人脸图像的 68 个关键点做到精确定位。

人脸识别的前提是人脸验证，即判断两张图片是不是同一个人。人脸验证问题很容易就可以转成人脸识别问题，人脸识别即多次人脸验证。人脸识别的最大挑战是如何区分由于光线、姿态和表情等因素引起的类内变化和由于身份不同产生的类间变化。这两种变化分布是非线性的且极为复杂，传统的线性模型无法将它们有效区分开。深度学习的目的是通过多层的非线性变换得到新的特征表示。该特征需要尽可能多地去掉类内变化，而保留类间变化。

针对人脸识别和验证问题，首先使用 SDM(Supervised Descent Method)算法对每张人脸检测出关键点，然后根据这些关键点以及位置、尺度、通道、水平翻转等因素，每张人脸形成多个局部子区域。分别进入预先设计好的 CNN 模型，对其进行训练，水平翻转形成的局部子区域跟原始图片放在一起进行训练，形成基于 CNN 的特征向量。

降低特征维数，使用前向与后向贪心算法选取最有效的局部子区域，实现更低维的向量表达，然后使用 PCA(Principal Component Analysis)降维，必要时进行二值化处理，提高后续特征比对速度，然后再输入联合贝叶斯模型中进行分类。测试阶段，对目标人脸图像进行预处理后提取特征，与数据库人脸图像特征进行快速特征比对，根据阈值完成人脸验证与人脸识别。

为提高识别算法对遮挡、视角等因素的健壮性，除去上述图像的局部子区域预处理外，尽可能多地采集多角度、多时段、多光照、多表情的有效标注人脸图像数据进行训练，可以大大提升深度学习人脸识别模型的识别准确性和健壮性，是取得良好效果必不可少的步骤。

三、人证合一关键技术

如上所述，通过计算机系统进行了人证合一验证。首先，要完成两个图像采集过程：一是身份证芯片里电子照片的读取；二是现场人脸图像的采集。这两个过程分别通过现场设备上的身份证阅读器和摄像头来实现。其次，需要调用人脸验证算法，对这两个图像的一致性进行判定，确定这两张照片是不是属于同一个人。如果判定是同一个人，翼门自动打开，对当前人员进行放行，待该人通行后，翼门再次关闭。如果判定为不是同一人，即当前人持他人身份证件来通关，则不予放行。

在以上设备研发中，需要解决以下技术难点。

（一）身份证刷卡和现场人脸采集同步问题

要求身份证照片读出来的时候，现场人脸也要采集到。这样，两个待比对图片都准备好了，不需要浪费时间等待。这个问题需要现场进行仔细的调试，保证尽可能地时间同步。

（二）现场光线的干扰

对于人脸识别算法来说，现场光线条件是影响效能的重大因素。当现场出现逆光、弱光、阴阳脸等情况时，人脸识别性能就大幅度下降。因此，对于机场大厅、候车大厅等半开放式场景，人脸识别算法的效能，一方面要靠现场环境的优化部署来保证，如尽量不要逆光部署，不要出现“阴阳脸”的光照配置情况，弱光环境下增加补光灯等；另一方面，要求算法本身对弱光、逆光等具有一定的补偿性和健壮性。目前，很多摄像机本身在这方面性能已经有所提升，人脸采集时能够自动对环境光进行补偿。

（三）人脸检测精度

比对的照片是两张人脸，一张是身份证电子照片上的人脸，这是制证的时候就拍好存进去的，毋庸置疑。另外一个是现场摄像机拍摄的人脸，这个需要对摄像机的角度进行反复的调整，并采用人脸检测算法，对所拍摄的图片中人脸的区域进行检测、定位、调整，将检测到的人脸放置在成像照片的中间。

（四）人脸姿态的影响

人脸识别算法希望所拍摄的人脸越正面越好。而实际中，人员通行的时候头部姿态不一定是正面，所拍摄到的照片会一定程度地侧脸或俯仰，这种情况下要求人平面脸识别算法具备一定的姿态适应性和健壮性或在拍摄的时候能够连续拍摄几张照片，通过头部姿态算法鉴定出最正面的一张人脸照片，用于和身份证电子照片进行比对，这样能够大幅度降低对本人放行的拒绝率，提高自主通关效率。目前，实际设置中，一般可以考虑连续拍照3张人脸照片，自动筛选出最正面的一张。

（五）身份证电子照片质量增强

大家可能不知道，由于身份证芯片存储容量非常有限，芯片内的电子照片的分辨率非常低，只有102×126像素，像素总数只有1万多。现在，现场摄像头一般至少100万像素以上，分辨率远超身份证电子照片。为了减弱两者之间分辨率的巨大差异，提升识别效果，一般通过超分辨率技术对身份证电子照片进行“放大”，将“放大”后的照片和现场摄像头拍摄的照片进行比较判定。注意这种“放大”技术不是简单的插值放大，而是一种基于学习的放大算法，能够有效增加原有图片的信息量，提高人脸验证的准确度。

第八章　网络的攻击行为和防范

第一节　网络攻击与防范的方法

一、网络攻击的目的

网络攻击的目的大体有以下几种。

（一）获取保密信息

网络信息的保密性目标是防止未授权的敏感信息被泄露。网络中需要保密的信息包括网络重要配置文件、用户账号、注册信息、商业数据（如产品计划）等。获取保密信息包括以下几个方面。

1. 获取超级用户的权限

享有超级用户的权限，意味着可以做任何事情，这对入侵者无疑是一个莫大的诱惑。在一个局域网中，掌握了一台主机的超级用户权限，就可以说掌握了整个子网。

2. 对系统进行非法访问

一般来说，许多计算机系统是不允许其他用户访问的。因此，必须以一种非正常的行为得到访问的权限。这种攻击并不一定有明确的目的，或许只是为访问而攻击。例如，在一个有许多 Windows 系统的用户网络中，常常有许多用户把自己的目录共享出来，于是别人就可以从容地在这些计算机上浏览、寻找自己感兴趣的东西，或者删除和更换文件。

3. 获取文件和传输中的数据

攻击者的目标就是系统中的重要数据，因此攻击者主要通过登录目标主机，或是使用网络监听进行攻击来获取文件和传输中的数据。

常见的针对信息保密的攻击方法有以下几点：使用社会工程手段骗取用户名和密码；发布免费软件，内含盗取计算机信息的功能，有些病毒程序将用户的数据发送到外部网络，导致信息泄露；通过搭线窃听、偷看网络传输数据等进行拦截网络信息；也可以使用敏感的无线电接收设备，远距离接收计算机操作者的输入和屏幕显示产生的电磁辐射，远距离还原计算机操作者的信息；将网络信息重定向，攻击者利用技术手段将信息发送端重定向到攻击者所在的计算机，然后转发给接收者。例如，攻击者伪造某网上银行域名或相似域名，欺骗用户输入账号和密码。另外，使用数据推理，攻击者有可能从公开的信息中推测出敏感信息。

(二)破坏网络信息的完整性

网络信息的完整性目标是防止未授权信息修改，在一些特定的环境中，完整性比保密性更重要。例如，将一笔电子交易的金额由 100 万元改为 1 000 万元，比泄露这笔交易本身结果更严重。涂改信息包括对重要文件的修改、更换、删除，是一种很恶劣的攻击行为。不真实的或者错误的信息都将给用户造成很大的损失。攻击者常伪装成具有特权的用户破坏网络信息的完整性，常见的方法有密码猜测、窃取口令、窃听网络连接口令、利用协议实现设计缺陷、密钥泄露和中继攻击等。

(三)攻击网络的可用性

网络信息的可用性是指信息可被授权者访问并按需求使用的特性，即保证合法用户对信息和资源的使用不会被不合理地拒绝。

拒绝服务攻击就是针对网络可用性进行攻击，拒绝服务攻击的方式很多，如将连接局域网的电缆接地；向域名服务器发送大量的无意义的请求，使得它无法完成从其他的主机发送来的名字解析请求；制造网络风暴，让网络中充斥大量的风暴，占据网络的带宽，延缓网络的传输。

(四)改变网络运行的可控性

网络信息的可控性是指对信息的内容及其传播具有控制能力的特性。授权机构可以随时控制信息的机密性，能够对信息实施安全监控。网络蠕虫、垃圾邮件、域名服务数据破坏等攻击行为均属于此类攻击。

攻击者若使用一些系统工具往往会被系统记录下来，如果直接发给自己的站点也会暴露自己的身份和地址，于是窃取信息时，攻击者往往将这些信息和数据送到一个公开的 FTP 站点，或者利用电子邮件寄往一个可以拿到的地方，以后再从这些地方取走。这样做可以很好地隐藏自己。将这些重要的信息发往公开的站点造成了信息的扩散，并且那些公开的站点常常会有许多人访问，其他的用户完全有可能得到这些信息，导致信息再次扩散出去。

有时候，用户被允许访问某些资源，但通常受到许多的限制，如网关对一些站点的访问进行严格控制等。许多的用户都有意无意地去尝试尽量获取超出允许的一些权限，于是便寻找管理员在配置中的漏洞，或者去找一些工具来突破系统的安全防线，特洛伊木马就是一种常用的手段。

二、网络攻击的方法分类

基于技术手段，网络攻击可以分为以下几种。

（一）口令窃取

登录一台计算机最容易的方法就是通过口令进入。口令窃取一直是网络安全上的一个重要问题，口令的泄露往往意味着整个系统的防护已经被瓦解。如果系统管理员在选择主机系统时不小心选错，攻击者窃取口令文件就会易如反掌。口令猜测是使用最多的攻击方法，即利用字典或穷举方法把登录口令找出来。

（二）缺陷和后门

事实上没有完美无缺的代码，也许系统的某处正潜伏着重大的缺陷或者后门等待人们的发现，区别只是在于谁先发现它。只要本着怀疑一切的态度，从各个方面检查所输入信息的正确性，还是可以回避这些缺陷的。比如说，如果程序有固定尺寸的缓冲区，无论是什么类型，一定要保证它不溢出；如果使用动态内存分配，一定要为内存或文件系统的耗尽作好准备，并且及时释放分配的内存。

（三）鉴别失败

即使是一个完善的机制，在某些特定的情况下也会被攻破。如果源机器是不可信的，则基于地址的鉴别也会失效。一个源地址有效性的验证机制，在某些应用场合（如防火墙筛选伪造的数据包）能够发挥作用，但是黑客可以用程序 Port Mapper 重传某一请求。在这一情况下，服务器最终受到欺骗。对于这些服务器来说，报文表面上源于本地，但实际上却源于其他地方。

（四）协议失败

寻找协议漏洞的游戏一直在黑客中盛行，在密码学的领域尤其如此。协议漏洞有时是由于密码生成者犯了错误或协议过于明了和简单造成的，更多的情况是由于不同的假设造成的，而证明密码交换的正确性是很困难的事。

（五）信息泄露

信息泄露是指信息被泄露或透露给某个非授权的实体。大多数的协议都会泄露某些信息。高明的黑客并不需要知道局域网中有哪些计算机存在，他们只要通过地址空间和端口扫描，就能寻找到隐藏的主机和感兴趣的服务。最好的防御方法是高性能的防火墙，如果黑客们不能向每一台机器发送数据包，该机器就不容易被入侵。

（六）病毒和木马

所谓计算机病毒，是一种在计算机系统运行过程中能够实现传染和侵害功能的程序。一种病毒通常含有两种功能:一种功能是对其他程序产生“感染”;另外一种或者是引发损坏功能,或者是植入攻击功能。蠕虫病毒是最近几年才流行起来的一种计算机病毒,由于它与以前出现的计算机病毒在机制上有很大的不同(与网络结合),因此一般把非蠕虫病毒称作传统病毒,把蠕虫病毒简称为蠕虫。随着网络化的普及,特别是 Internet 的发展,大大加速了病毒的传播。特洛伊木马(Trojan Horse)简称为木马,据说这个名称来源于希腊神话《木马屠城记》。完整的木马程序一般由两部分组成:一个是服务器程序;另一个是控制器程序。对于木马来说,被控制端是一台服务器,控制端则是一台客户机。黑客经常引诱目标对象运行服务器端程序,这一般需要使用欺骗性手段,而网上新手则很容易上当。黑客一旦成功地侵入了用户的计算机,就会在计算机系统中隐藏一个会在 Windows 启动时悄悄自动运行的程序,采用服务器/客户机的运行方式,达到在用户上网时控制用户的计算机的目的。计算机病毒和木马的潜在破坏力极大,正逐步成为信息战中的一种新式进攻武器。

(七)欺骗攻击

网络欺骗攻击作为一种非常专业化的攻击手段,给网络安全管理者带来了严峻的考验。网络欺骗攻击的主要方式有 IP 欺骗、ARP 欺骗、DNS 欺骗、Web 欺骗、电子邮件欺骗、源路由欺骗(通过指定路由,以假冒身份与其他主机进行合法通信或发送假报文,使受攻击主机出现错误动作)、地址欺骗(包括伪造源地址和伪造中间站点)和非技术类欺骗(利用人与人之间的交往,通常以交谈、欺骗、假冒或口语等方式,从合法用户套取用户系统的秘密)等。

(八)拒绝服务

DoS 攻击,其全称为 Denial of Service,即拒绝服务攻击。直观地说,就是攻击者过多地占用系统资源直至系统繁忙、超载而无法处理正常的工作,甚至导致被攻击的主机系统崩溃。攻击者的目的很明确,即通过攻击使系统无法继续为合法的用户提供服务。

网络攻击方法的分类有多种,如基于攻击效果可以分为破坏、泄露和拒绝服务等。还可以把对安全性的攻击分为两类:被动攻击和主动攻击。被动攻击试图获得或利用系统的信息,但并不会对系统的资源造成破坏,如窃听和监测;主动攻击则试图破坏系统的资源,并影响系统的正常工作,如拒绝服务等。

三、网络安全策略

网络安全策略是对实现网络安全所必须运用的策略的高层次论述,为网络安全提供管理方向和支持，是一切网络安全活动的基础，指导企业网络安全结构体系的开发和实施。它不仅包括局域网的信息存储、处理和传输技术，而且包括保护企业所有的信息、数据、文件和设备资源的管理和操作手段。计算机网络所面临的威胁大体可分为两类：一类是对网络中信息的威胁；另一类是对网络中设备的威胁。

（一）物理安全策略

物理安全策略的目的是保护计算机系统、网络服务器、打印机等硬件实体和通信链路免受自然灾害、人为破坏和搭线攻击，包括安全地区的确定、物理安全边界、物理接口控制、设备安全和防电磁辐射等。

安全地区的确定是指安全地区应该通过合适的人口控制进行保护，从而保证只有合法员工才可以访问这些地区。设备安全是指为了防止资产的丢失、破坏，防止商业活动的中断，需要建立完备的安全管理制度，防止非法进入计算机控制室和各种偷窃、破坏活动的发生。抑制和防止电磁泄漏（即 TEMPEST 技术）是物理安全策略的一个主要任务。目前抑制和防止电磁泄漏的主要防护措施有两类：一类是对传导发射的防护，通过对电源线和信号线加装性能良好的滤波器，减小传输阻抗和导线之间的交叉耦合；另一类是对辐射的防护。对辐射的防护措施又可分为两种：一种是采用各种电磁屏蔽措施，如对设备的金属屏蔽和各种接插件的屏蔽，同时对机房的下水管、暖气管和金属门窗进行屏蔽和隔离；另一种是干扰的防护措施，即在计算机系统工作的同时，利用干扰装置产生一种与计算机系统辐射相关的伪噪声向空间辐射来掩盖计算机系统的工作频率和信息特征。

（二）访问控制策略

访问控制策略是网络安全防范和保护的主要策略，它的目标是控制对特定信息的访问，保证网络资源不被非法使用和非法访问。它也是维护网络系统安全、保护网络资源的重要手段。访问控制策略可以说是保证网络安全最重要的核心策略之一。访问控制主要包括：①用户访问管理，以防止未经授权的访问；②网络访问控制，保护网络服务；③操作系统访问控制，防止未经授权的计算机访问；④应用系统的访问控制，防止对信息系统中未经授权的信息的访问，监控对系统的访问和使用，探测未经授权的行为。

（三）信息安全策略

信息安全策略是要保护信息的机密性、真实性和完整性。因此，应对敏感或机密数据进行加密。信息加密过程是由形形色色的加密算法来具体实施的，它以很小的代价提供很大的安全保护。在目前情况下，信息加密仍是保证信息机密性的主要方法。信息加密的算法是公开的，其安全性取决于密钥的安全性，应建立并遵守用于对信息进行保护的密码控制的使用策略。密钥管理基于一套标准、过程和方法,用来支持密码技术的使用。信息加密的目的是保护网内的数据、文件、口令和控制信息,保护网上传输的数据。网络加密常用的方法有链路加密、端到端加密和节点加密三种。链路加密的目的是保护网络节点之间的链路信息安全;端到端加密的目的是对源端用户到目的端用户的数据提供保护;节点加密的目的是对源节点到目的节点之间的传输链路提供保护。

(四)网络安全管理策略

网络安全管理策略包括:确定安全管理等级和安全管理范围;制定有关网络操作使用规程和人员出入机房管理制度;制定网络系统的维护制度和应急措施等。加强网络的安全管理,制定有关规章制度,对确保网络安全、可靠地运行将起到十分有效的作用。

在网络安全中,采取强有力的安全策略,对于保障网络的安全性是非常重要的。

第二节 网络攻击与防范模型

一、网络攻击的整体模型描述

网络攻击模型将攻击过程划分为以下阶段。

(一)攻击身份和位置隐藏

攻击身份和位置隐藏是指隐藏网络攻击者的身份及主机位置。这可以利用被入侵的主机做跳板,利用电话转接技术,盗用他人账号上网,通过免费网关代理、伪造 IP 地址、假冒用户账号等技术实现。

(二)目标系统信息收集

目标系统信息收集是指确定攻击目标并收集目标系统的有关信息。目标系统信息包括系统的一般信息如软硬件平台、用户、服务、应用等,系统及服务的管理、配置情况,系统口令安全性,系统提供服务的安全性等。

(三)弱点信息挖掘分析

弱点信息挖掘分析是指从收集到的目标信息中提取可使用的漏洞信息。这些漏洞信息包括系统或应用服务软件漏洞、主机信任关系漏洞、目标网络使用者漏洞、通信协议漏洞、网络业务系统漏洞等。

（四）目标使用权限获取

目标使用权限获取是指获取目标系统的普通或特权账户权限，包括获得系统管理员口令、利用系统管理上的漏洞获取控制权（如缓冲区溢出）、令系统运行特洛伊木马、窃听账号口令输入等。

（五）攻击行为隐藏

攻击行为隐藏是指隐蔽在目标系统中的操作，防止攻击行为被发现。攻击行为隐藏主要有：连接隐藏，如冒充其他用户，修改 logname 环境变量、utmp 日志文件，使用 IP 欺骗等；进程隐藏，如使用重定向技术减少 PS 给出的信息量，利用木马代替 PS 程序等；文件隐藏，如利用字符串相似麻痹管理员，利用操作系统可加载模块特性隐藏攻击时产生的信息等。

（六）攻击实施

攻击实施是指实施攻击或者以目标系统为跳板向其他系统发起新的攻击。其内容包括攻击其他网络和受信任的系统，修改或删除信息，窃听敏感数据，停止网络服务，下载敏感数据，删除用户账号，修改数据记录。

（七）开辟后门

开辟后门是指在目标系统中开辟后门，方便以后入侵。其内容包括放宽文件许可权；重新开放不安全服务，如 TFTP 等；修改系统配置；替换系统共享库文件；修改系统源代码、安装木马；安装嗅探器；建立隐蔽通信信道等。

（八）攻击痕迹清除

攻击痕迹清除是指清除攻击痕迹，逃避攻击取证。其内容包括篡改日志文件和审计信息；改变系统时间，造成日志混乱；删除或停止审计服务；干扰入侵检测系统的运行；修改完整性检测标签等。

能否成功攻击一个系统取决于多方面的因素。攻击过程中的关键阶段是弱点挖掘和权限获取；攻击成功的关键条件之一是目标系统存在安全漏洞或弱点；网络攻击难点是目标使用权的获得。

二、网络安全防范的原理

面对当前如此猖獗的黑客攻击，人们必须做好网络安全的防范工作。网络安全防范分为积极安全防范和消极安全防范，下面介绍这两种安全防范的原理。

（一）积极安全防范的原理

积极安全防范的原理是指对正常的网络行为建立模型，把所有通过安全设备的网络数据拿来和保存在模型内的正常模式相匹配，如果不在这个正常范围以内，就认为是攻击行为，对其做出处理。这样做的最大好处是可以阻挡未知攻击，如攻击者刚刚发现的不为人知的攻击方式。对这种方式来说，建立一个安全、有效的模型就可以对各种攻击做出反应了。

例如，包过滤路由器对所接收的每个数据包做允许或拒绝的决定。路由器审查每个数据包以便确定其是否与某一条包过滤规则匹配。管理员可以配置基于网络地址、端口和协议的允许访问的规则，只要不是这些允许的访问，都禁止访问。

对正常的网络行为建立模型有时是非常困难的，例如在入侵检测技术中，异常入侵检测技术就是根据异常行为和使用计算机资源的异常情况对入侵进行检测，其优点是可以检测到未知的入侵，但是入侵活动并不总是与异常活动相符合，因而就会出现漏检和虚报。

（二）消极安全防范的原理

消极安全防范的原理是指以已经发现的攻击方式，经过专家分析后给出其特征进而来构建攻击特征集，然后在网络数据中寻找与之匹配的行为，从而起到发现或阻挡的作用。它的缺点是使用被动安全防范体系，不能对未被发现的攻击方式作出反应。

消极安全防范的一个主要特征就是针对已知的攻击，建立攻击特征库，作为判断网络数据是否包含攻击特征的依据。使用消极安全防范模型的产品，不能对付未知攻击行为，并且需要不断更新特征库。例如在入侵检测技术中，误用入侵检测技术就是根据已知的入侵模式来检测入侵。入侵者常常利用系统和应用软件中的弱点攻击，而这些弱点易编成某种模式，如果入侵者攻击方式恰好匹配上检测系统中的模式库，则入侵者被检测到。其优点是算法简单、系统开销小。缺点是被动，只能检测出已知攻击，模式库要不断更新。

为更好实现网络安全，两种防范原理应结合使用。

网络防范的目的就是实现网络安全目标，网络安全的工作目标通俗地说就是下面的“六不”：①“进不来”——访问控制机制；②“拿不走”——授权机制；③“看不懂”——加密机制；④“改不了”——数据完整性机制；⑤“逃不掉”——审计、监控、签名机制；⑥“打不垮”——数据备份与灾难恢复机制。

三、网络安全模型

实现整体网络安全的工作目标，有两种流行的网络安全模型：P2DR 模型和 APPDRR 模型。

（一）P2DR 模型

P2DR 模型是动态安全模型（可适应网络安全模型）的代表性模型。在整体的安全策略的控制和指导下，在综合运用防护工具（如防火墙、操作系统身份认证、加密等手段）的同时，利用检测工具（如漏洞评估、入侵检测等系统）了解和评估系统的安全状态，通过适当的反应将系统调整到“最安全”和“风险最低”的状态。

根据 P2DR 模型的理论，安全策略是整个网络安全的依据。不同的网络需要不同的策略，在制定策略以前，需要全面考虑局域网络中如何在网络层实现安全性，如何控制远程用户访问的安全性，在广域网上的数据传输实现安全加密传输和用户的认证等问题。对这些问题做出详细回答，并确定相应的防护手段和实施办法，就是针对企业网络的一份完整的安全策略。

（二）APPDRR 模型

APPDRR 模型包括以下环节：

网络安全＝风险分析（A）＋制定安全策略（P）＋系统防护（P）＋实时监测（D）＋实时响应（R）＋灾难恢复（R）。通过对以上 APPDRR 的 6 个元素的整合，形成了一套整体的网络安全结构。

事实上，对于一个整体网络的安全问题，无论是 P2DR 模型还是 APPDRR 模型，都将如何定位网络中的安全问题放在最为关键的位置。这两种模型都提到了一个非常重要的环节——P2DR 中的检测环节和 APPDRR 中的风险分析。在这两种安全模型中，这个环节并非仅仅指的是狭义的检测手段，而是一个复杂的分析与评估的过程。通过对网络中的安全漏洞及可能受到的威胁等内容进行评估，获取安全风险的客观数据，为信息安全方案的制定提供依据。网络安全具有相对性，其防范策略是动态的，因而，网络安全防范模型是一个不断重复改进的循环过程。

第三节　网络攻击身份欺骗

一、IP 欺骗攻击

所谓 IP 欺骗，就是利用主机之间的正常信任关系，伪造他人的 IP 地址达到欺骗某些主机的目的。IP 地址欺骗只适用于那些通过 IP 地址实现访问控制的系统，实施 IP 欺骗攻击能够有效地隐藏攻击者的身份。目前 IP 地址的盗用行为很常见，IP 地址的盗用行为侵害了网络正常用户的合法权益，并且给网络安全、网络正常运行带来了巨大的负面影响。

(一)IP 欺骗的原理

IP 地址欺骗攻击是指攻击者使用未经授权的 IP 地址来配置网上的计算机,以达到非法使用网上资源或隐藏身份从事破坏活动的目的。TCP/IP 协议早期是为了方便实现网络的连接,但是其本身存在一些不安全的地方,从而使一些别有用心的人可以对 TCP/IP 网络进行攻击,IP 欺骗就是其中的一种。

IP 欺骗是利用了主机之间的正常信任关系来进行的,如 Unix 主机中,存在着一种特殊的信任关系。假设用户在主机 A 和主机 B 上各有一个账号 ABC,用户在主机 A 上登录时要输入 A 上的账号 ABC,在主机 B 上登录时要输入 B 上的账号 ABC,两主机将 ABC 当作是互不相关的账号,这给多服务器环境下的用户带来了诸多的不便。为了杜绝这个问题,可以在主机 A 和主机 B 间建立两个账号的相互信任关系。

(二)IP 欺骗的防范对策

IP 欺骗之所以可以实施,是因为信任服务器的基础建立在网络地址的验证上,在整个攻击过程中最难的是估计序列号,估计精度的高低是欺骗成功与否的关键。针对这些,可采取如下的对策。

1. 禁止基于 IP 地址的信任关系

IP 欺骗的原理是冒充被信任主机的 IP 地址,这种信任关系建立在基于 IP 地址的验证上,如果禁止基于 IP 地址的信任关系,使所有的用户通过其他远程通信手段进行远程访问,则可彻底地防止基于 IP 地址的欺骗。

2. 安装过滤路由器

如果计算机用户的网络是通过路由器接入 Internet 的,那么可以利用计算机用户的路由器进行包过滤。确信只有计算机用户的内部 LAN 可以使用信任关系,而内部 LAN 上的主机对于 LAN 以外的主机要慎重处理。计算机用户的路由器可以帮助用户过滤掉所有来自外部而希望与内部建立连接的请求。通过对信息包的监控检查 IP 欺骗攻击将是非常有效的方法。使用 netlog 或类似的包监控工具检查外接口上包的情况,如果发现包的两个地址(即源地址和目的地址)都是本地域地址,就意味着有人要试图攻击系统。

3. 使用加密法

阻止 IP 欺骗的一个较好的方法是在通信时要求加密传输和验证。当有多个手段并存时,加密方法最为合适。

使用随机化的初始序列号 IP 欺骗的一个重要的因素是初始序列号不是随机

选择或者随机增加的，如果能够分割序列号空间，每一个连接将有自己独立的序列号空间，序列号仍然按照以前的方式增加，但是这些序列号空间没有明显的关系。

在网络普及的今天，网络安全已经成为一个不容忽视的问题。对 IP 欺骗，最重要的是做好安全防范。

二、与 IP 协议相关的欺骗手段

(一)ARP 欺骗及防范

1. ARP 原理

地址转换协议(Address Resolution Protocol，ARP)是在计算机相互通信时，实现 IP 地址与其对应网卡的 MAC 地址的转换，确保数据信息准确无误地到达目的地。具体方法是使用计算机高速缓存，将最新的地址映射动态绑定到发送方。客户机发送 ARP 请求时，同时在监听信道上其他的 ARP 请求。它靠在内存中保存的一张表来使 IP 数据包得以在网络上被目标机器应答，当 IP 数据包到达该网络后，只有机器的 MAC 地址和该 IP 数据包中的 MAC 地址相同时才会应答这个 IP 数据包。

2. 安全漏洞

通常主机在发送一个 IP 数据包之前，它要到该转换表中寻找和 IP 数据包对应的 MAC 地址。如果没有找到，该主机就发送一个 ARP 广播包，得到对方主机 ARP 应答后，该主机刷新自己的 ARP 缓存，然后发出该 IP 数据包。但是当攻击者向目标主机发送一个带有欺骗性的 ARP 请求时，可以改变该主机的 ARP 高速缓存中的地址映射，使得该被攻击的主机在地址解析时其结果发生错误，导致所封装的数据被发往攻击者所希望的目的地，从而使数据信息被劫取。

3. 防止 ARP 欺骗

停止使用地址动态绑定和 ARP 高速缓存定期更新的策略，在 ARP 高速缓存中保存永久的 IP 地址与硬件地址映射表，允许由系统管理人员进行人工修改。该方法主要应用于对安全性要求较高且较小的局域网，其操作依靠人工，工作量大。

在路由器的 ARP 高速缓存中放置所有受托主机的永久条目，可以减少并防止 ARP 欺骗，但路由器在寻径中同样存在安全漏洞。

4. 使用 ARP 服务器

通过该服务器查找自己的 ARP 转换表来响应其他机器的 ARP 广播，确保这台 ARP 服务器不被黑。

(二)基于 ICMP 的路由欺骗

1. 关于 ICMP

Internet 控制报文协议(Internet Control Message Protocol,ICMP)允许路由器向其他路由器或主机发送差错或控制报文,ICMP 有十多种类型,报文头中均包含类型字段、代码和校验等,其代码值代表不同的差错意义。安全问题就经常发生在重定向类型的 ICMP 报文收发上。如果网络拓扑改变了,那么主机或路由器中送路表就不正确,改变可以是临时硬件维修或互联网加入新网络等,为了避免整个网络中每台主机的配置文件重复选路信息,允许个别主机通过发送 ICMP 重定向报文,请求有关主机或路由器改变路由表,当路由器检测到一台主机使用非优化路由时,允许向该主机发送重定向 ICMP 报文,请示该主机将其改变成更直接有效的路由表。

2. 欺骗的发生

当一台机器向网络中另一台机器发送 ICMP 重定向消息时,如果一台机器佯装成路由器截获所有到达某些目标网络或全部目标网络的 IP 数据包,改变 ICMP 重定向数据包,欺骗并改变目的主机的路由,那么恶意者可以直接发送非法的 IC-MP 重定向报文,达到破坏目的。

3. 防止欺骗

避免 ICMP 重定向欺骗最简单的方法是将主机配置成不能处理 ICMP 重定向消息。还有一种方法是验证 ICMP 重定向消息,检查核实 ICMP 重定向是否来自可靠的路由器或主机。

(三)RIP 路由欺骗

1. RIP 原理

RIP(Routing Information Protocol)是使用最广泛的一种选路信息协议,它是基于本地网的矢量距离选路算法的直接而简单的实现。它把参加通信的机器分为主动工作模式和被动工作模式,一般只有路由器才能以主动工作模式工作,而其他主机以被动工作模式工作。主动工作模式 RIP 路由器每隔 30 s 广播一次报文,报文在 32 bit 的首部之后,包含了一系列的序偶,每个序偶由一个 IP 地址和一个到达该网络的整数距离值构成。被动工作模式工作的路由器或主机监听网上所有广播报文,并根据矢量距离算法更新送路表,从而使得该送路表保持最新且费用更小。

2. 欺骗的发生

RIP 协议处于 UDP 协议的上层,RIP 所接受的路由修改信息都封装在 UDP 的数据包中,RIP 在 520 号端口上接收来自远程路由器的路由修改信息,并对本地的路由表做相应的修改,同时通知其他路由器。RIP 路由欺骗的一种简单途径是在端口 520 上通过 UDP 广播非法路由信息,在一般的 Unix 系统中,没有特权使用 RIP 的任何用户都可以利用 RIP 对网络中所有被动参与 RIP 协议者发起路由欺骗攻击。如果 RIP 作为内部路由上的协议,或者被动工作模式涉及一个乃至多个路由器,那么这种攻击所造成的危害必定更大。

3. 防止欺骗

防止 RIP 欺骗的一种方法是停止使用 RIP 的被动工作模式,尤其是较大网络系统涉及多个路由器时,应限制性地使用 RIP 协议。在网络拓扑结构相对稳定的一个局域网内,可以停止使用 RIP 的被动工作模式,如果需要新路由表,则一方面可定期检查与更新,减少被攻击的概率,可应用其他方法来实现,如发送信任的 ICMP 报文;从另一方面来说,问题不在 RIP 本身,而在于 RIP 信息源是否信任可靠。为保证较高的安全性,RIP 协议被动参与者必须采用一些论证方法接收值得信任的 RIP 报文,较简单的办法是在主机或路由器每次启动时查阅一个配置文件,确定那些具有值得信任 RIP 信息的 IP 地址,从而减少欺骗的发生。当然也可以使用其他路由协议代替 RIP,如链路状态路由协议、开放 SPF 协议,后者更为先进有效。

(四)DNS 欺骗

1. 关于域名系统

域名系统(Domain Name System,DNS)实质上是一种便于用户记忆使用的机器名与 IP 地址间的映射机制,它提供一个分级命名方案,能高效地将名字映射到地址。在应用 TCP/IP 协议的 Internet 其若干个子网上都具有一个或多个不同级的域名服务器负责本地授权管理的子域,当一个客户机在域名查询或请求域名转换时,所发送的报文包含它的名字、名字种类的说明、所需回答的类型等。为了实现域名与 IP 地址的高速转换,在域名服务器与主机中都采用高速缓存的形式存储有关数据库,当域名服务器收到查询时,检查名字是否处于它授权管理的子域内,如果是,则绑定名字映射信息发回给客户机;如经检查没有在授权范围内,则给客户机一个非授权绑定的信息,并根据客户机请求而进行递归转换或迭代解析。

2. DNS 安全问题

DNS 安全威胁主要还是在于其采用高速缓存的形式保存域名和 IP 地址的映

射策略。如果某一域名服务器已受到安全攻击或为入侵者所控制,其域名与IP地址映射数据库被修改,则在它为所授权范围的客户机提供域名服务时,所有信息就变得不可靠,客户机所得到的域名解析结果正是黑客所希望的,客户机的信息资源可能被黑客截取和破坏。此外,当查询的IP地址为本地非授权范围内时,本地域名服务器提供迭代解析,如果在解析过程中的初始条件已被黑客修改,则解析结果出错。另外,若域名服务器高速缓存了无效数据,而该数据将在高速缓存中保留相当一段时间,因而导致查询结果错误,则这些无效数据可能是黑客或恶意攻击者所制造的。

3.反击DNS欺骗

通过引入名字到地址的映射应用程序编程接口(Application Programming Interface,API)简化使用DNS处理。API先查阅本地数据,当本地数据无法给出结果时,API咨询DNS,这样就减小了DNS欺骗的可能性,且比直接查询DNS更安全;如果在域名服务器中加入限制条件,增加检查并限定权限,则可以增强安全性。

第四节　网络攻击行为隐藏

一、文件隐藏

通过文件隐藏,可以对重要的个人数据、公司的商业机密等敏感文件进行保护。可以首先对这些文件进行加密,再进行文件隐藏,对隐私文件进行双重保护。在网络攻击中,对文件进行隐藏,或将文件伪装成其他文件传送给被攻击的机器,就可以在对方没有觉察的情况下诱使对方运行伪装的文件达到运行攻击者想要执行程序的目的。

(一)修改文件名称和属性

攻击者为了隐藏攻击活动产生的文件,可以对文件名称和属性进行修改。例如,可以将文件的名称修改为与系统中的文件相似的名称,也可以在不同的目录下使用与系统中的文件一致的名称,可以将文件名称设置成特殊的形式或修改文件的属性,将文件隐藏起来。

由于Windows系统在默认状态下会自动隐藏系统文件夹,因此可以利用访问者平时对系统文件夹“关注”不够的漏洞,巧妙地将隐私文件夹伪装成系统文件夹。在Windows状态下,往往无法将普通的隐私文件夹伪装为系统文件夹,为此需要将系统先切换到纯DOS界面下,然后在DOS命令行中执行“attrib+s+r隐私文件或文件夹名”命令。这样就能“强行”为隐私文件添加上系统属性。重新启动系统到Windows界面后,隐私文件夹就会被当作系统文件夹,自动地隐藏起来了,即使访问者选中了“文件夹选项”中的“显示所有文件”也不能看到隐私文件夹。

在Windows系统中将目标文件的属性设置为“隐藏”,再将文件查看选项中的“不显示隐藏文件”选中,然后通过修改注册表将“显示所有文件和文件夹”选项隐藏起来,这样所有的属性为“隐藏”的文件就无法被查看到了。

通过为访问者设置访问权限,让其没有权利对隐私文件夹进行读、写、浏览目录等操作,从而实现文件夹的隐藏。

利用WinRAR的存储合并功能,将隐私文件存储合并到一个无关紧要的图像文件中,这是很难察觉到的。

通过一些专门的合并文件软件,将文件的属性、文件的图标进行修改,也可以将多个文件合并成一个文件。

(二)使用信息隐藏技术

可以通过信息隐藏技术将重要的文件隐藏在一个无关紧要的文件中,如图片,比利用WinRAR的存储合并功能实现的文件隐藏具有更好的不可察觉性。

信息隐藏又称信息伪装,就是通过减少载体的某种冗余(如空间冗余、数据冗余等)来隐藏敏感信息,达到某种特殊的目的。信息隐藏技术通常具有下面的特点。

1. 不破坏载体的正常使用

一般不破坏载体的正常使用,就不会轻易引起别人的注意,能达到信息隐藏的效果。同时,这个特点也是衡量是不是信息隐藏的标准。

2. 载体具有某种冗余性

通常好多对象都在某个方面满足一定条件的情况下,具有某些程度的冗余,如空间冗余、数据冗余等,因此寻找和利用这种冗余就成为信息隐藏的一个主要工作。

3. 具有很强的针对性

任何信息隐藏方法都具有很多附加条件,都是在某种情况下针对某类对象的一个应用。

隐藏算法的结果应该具有较高的安全性和不可察觉性,并要求有一定的隐藏容量。信息隐藏的方法主要分为两类:空间域算法和变换域算法。空间域算法通过改变载体信息的空间域特性来隐藏信息；变换域算法通过改变数据（主要指图像、音频、视频等）变换域的一些系数来隐藏信息。

加密使有用的信息变为看上去无用的乱码，使得攻击者无法读懂信息的内容，从而保护了信息。加密隐藏了消息内容，但也暗示了攻击者所截获的信息是重要信息，从而引起攻击者的兴趣，攻击者可能在破译失败的情况下将信息破坏掉；而信息隐藏则是将有用的信息隐藏在其他信息中，使攻击者无法发现，不仅实现了信息的保密，而且保护了通信本身。因此，信息隐藏不仅隐藏了消息内容而且隐藏了消息本身，利用信息隐藏技术实现文件隐藏具有更好的欺骗性。

二、进程隐藏

攻击者对目标系统进行攻击后会产生攻击进程，如不对攻击进程进行隐藏，就会被网络管理人员发现而将其清除。进程隐藏技术多用于木马和病毒，用于提高木马、后门等程序的生存率。

常见的进程隐藏方法有：进程名称替换，即将目标系统中的某些不常用的进程停止，然后借用其名称运行；进程名称相似命名，对产生的攻击进程命名为与系统的进程相似的名称；替换进程名称显示命令，即修改系统中进程显示命令，不显示攻击进程；通过动态嵌入技术，修改进程或其调用的函数，其中最为关键的技术有远程线程插入技术、动态链接库插入技术和挂钩 API 技术。

（一）远程线程插入技术

远程线程插入技术指的是通过在另一个进程中创建远程线程的方法进入那个进程的内存地址空间。这种技术可以将要实现的功能程序做一个线程，并将此线程在运行时自动插入常见进程，使之作为此进程的一个线程来运行。

在进程中，可以通过 Create Thread 函数创建线程，被创建的新线程与主线程共享地址空间以及其他的资源。通过 Create Remote Thread 同样可以在另一个进程内创建新线程，被创建的远程线程同样可以共享远程进程的地址空间。所以，通过一个远程线程进入了远程进程的内存地址空间，也就拥有了与那个远程进程相当的权限。

在实现上，这种技术比较复杂。因为这个线程在目标进程中的寻址会出现问题，所以必须进行地址的重定位。为了实现地址的重定位，需要将许多要用到的函数和变量的地址保存下来，然后将这些函数和变量的名称字符串插入到目标进程中去，需要插入到目标进程中的内容包括线程的过程体、线程中要用到的所有 API

函数、所有自己定义的函数、所有的全局变量以及所有的字符串。

这种方法对于实现功能较多的程序来说，其编程的复杂性非常高，不符合常规程序设计的特点，最终可能导致程序的崩溃。这种技术适合功能比较单一的后门控制程序的编写，例如，结合动态链接库插入技术，调用一个木马程序。

(二)动态链接库插入技术

动态链接库插入技术是一种专门用来隐藏指定程序的技术。具体来说，就是将后门程序做成一个动态链接库文件，然后使用动态嵌入技术将此动态链接库的加载语句插入到目标进程中去。

为了了解其实现方法，首先看 Windows 系统的另一种“可执行文件”——DLL (Dynamic Link Library，动态链接库)。DLL 文件是 Windows 的基础，因为所有的 API 函数都是在 DLL 中实现的。DLL 文件没有程序逻辑，由多个功能函数构成，它并不能独立运行，一般都是由进程加载并调用的。因为 DLL 文件不能独立运行，所以在进程列表中并不会出现 DLL，将木马程序以 DLL 的形式实现后，并且通过别的进程运行它，那么无论是入侵检测软件还是进程列表中，都只会出现那个进程而并不会出现木马 DLL。如果那个进程是可信进程(例如浏览器程序 iexplore.exe)，则编写的 DLL 作为那个进程的一部分，也将成为被信赖的一员，也就达到了隐藏的目的，从而实现了木马对系统的侵害。

运行 DLL 方法有多种，但其中最隐蔽的方法是采用动态嵌入技术。动态嵌入技术指的是将自己的代码嵌入正在运行的进程中的技术。理论上来说，Windows 中的每个进程都有自己的私有内存空间，别的进程是不允许对这个私有空间进行操作的，但是实际上，仍然可以利用多种方法进入并操作进程的私有内存。

(三)挂钩 API 技术

挂钩 API(Hook API)一般分为运行前挂钩和运行时挂钩。运行前挂钩是修改想要挂钩函数的物理模块(大多数时候是 EXE 或者 DLL 文件)；运行时挂钩则是直接修改进程的内存空间。

挂钩 API 是比较经典的技术，就是通过修改 API 函数的入口地址的方法来欺骗试图列举本地所有进程的程序。由于能够列举本地进程的 API 函数只有几个，因此为了能够欺骗列举进程程序，就要修改列进程 API 函数的入口地址，使别的程序在调用这些函数时，首先转向攻击者想要执行的程序。需要做的工作就是在列表中将攻击的进程信息去掉，从而达到隐藏进程的目的。这种方法的实现难度很大，要求程序设计者精通 Windows 下的进程、汇编器、PE 文件结构和一些 API

函数。

1. 运行前挂钩

运行前挂钩想要修改的函数一般是.exe或.dll，有三种可能的做法。第一种做法是找到函数的入口点，重写它的代码。虽然会受到函数大小的限制，但能动态加载一些其他模块(API LoadLibrary)就足够了。第二种做法是在模块中被代替的函数只是原函数的扩展，选择修改开始的5个字节为跳转指令或者改写IAT。如果修改为跳转指令，那么将会使指令执行流程转为执行攻击者的代码；如果调用IAT记录被修改的函数，则想要执行的代码能在调用结束后被执行，但模块的扩展没那么容易，因为必须注意DLL首部。第三种做法是修改整个模块，也就是创建攻击者自己的模块版本。

2. 运行时挂钩

在运行前挂钩通常非常特殊，并且在内部面向具体的应用程序(或模块)。对于NT操作系统，如果更换了Kernel32. dll或NtdlL dll里的函数，就能做到在所有将要运行的进程中替换这个函数，但实现起来却非常难，因为不但要考虑精确性，还需要编写比较完善的新函数或新模块，并且只有将要运行的进程才能被挂钩。还需要考虑如何进入这些文件，因为NT操作系统保护了它们。比较好的解决方法是在进程正在运行时挂钩，可以使用API函数Write Process Memory将代码写入目标进程，在运行中挂钩只对能够写入它们内存的进程具有可行性。

三、网络连接隐藏

在公开的计算机网络中隐蔽网络连接是攻击者为防止其攻击行为被发现而采取的手段。假如网络攻击者未对攻击网络连接进行隐藏，就容易被系统管理员发现。系统管理员常用一些工具软件查看网络连接状况，例如，在RedHat6. 20系统中，可以使用netstat－almore获得主机的网络连接信息。

攻击者隐藏网络连接的方法有下面几种。

(一)网络连接进程名称替换

网络连接进程名称替换是指将目标系统中的某些不常用网络连接停止，然后借用其名称，常见的进程有crop、nfs、rpc等。

(二)复用正常服务端口

复用正常服务端口为木马通信数据包设置特殊隐性标志，以利用正常的网络连接隐藏攻击的通信状态。

(三)替换网络连接显示命令

替换网络连接显示命令是指修改显示网络连接信息的相关系统调用,以过滤掉与攻击者相关的连接信息。

(四)替换操作系统的网络连接管理模块

攻击者可以利用操作系统提供的加载核心模块功能,重定向系统调用,强制内核按照攻击者的方式运行,控制网络连接输出信息。

(五)修改网络通信协议栈

利用 LKM(Loadable Kernel Modules,可装载内核模块)技术修改网络通信协议栈,避免单独运行监听进程,以躲避检测异常监听进程的检测程序。

第五节　网络攻击的技术分析

一、网络嗅探技术

嗅探(Sniffer)技术是网络安全攻防技术中很重要的一种。对黑客来说,通过嗅探技术能以非常隐蔽的方式攫取网络中的大量敏感信息,与主动扫描相比,嗅探行为更难被察觉,也更容易操作。对安全管理人员来说,借助嗅探技术,可以对网络活动进行实时监控,并发现各种网络攻击行为。嗅探技术实际上是一把双刃剑。虽然嗅探技术被黑客利用后会对网络安全构成一定的威胁,但嗅探技术本身的危害并不是很大,主要是用来为其他黑客软件提供网络情报,真正的攻击主要是由其他黑客软件完成的。

(一)网络嗅探原理

嗅探器最初是网络管理员检测网络通信的一种工具,它既可以是软件,也可以是一个硬件设备。软件 Sniffer 应用方便,针对不同的操作系统平台都有多种不同的软件 Sniffer,而且很多是免费的;硬件 Sniffer 通常被称作协议分析器,其价格一般都很高。

嗅探技术是一种常用的收集数据的有效方法,这些数据既可以是用户的账号和密码,也可以是一些商用机密数据等。在内部网上,黑客要想迅速获得大量的账号(包括用户名和密码),最为有效的手段是使用嗅探程序。这种方法要求运行嗅探程序的主机和被监听的主机必须在同一个以太网段上,在外部主机上运行嗅探程序是没有效果的。同时,必须以 root 的身份使用嗅探程序,才能够监听到以太网段上的数据流。

在局域网中，以太网的共享式特性决定了嗅探能够成功。以太网是基于广播方式传送数据的，所有的物理信号都会被传送到每一个主机节点。此外，网卡可以被设置成混杂接收模式(Promiscuous)，在这种模式下，无论监听到的数据帧的目的地址如何，网卡都能予以接收。而 TCP/IP 协议栈中的应用协议大多数以明文在网络上传输，这些明文数据中，往往包含一些敏感信息(如密码、账号等)，因此使用嗅探技术可以悄无声息地监听到所有局域网内的数据通信，得到这些敏感信息。同时嗅探技术的隐蔽性好，它只是"被动"地接收数据，而不向外发送数据，所以在传输数据的过程中，很难觉察到它在监听。

(二)嗅探的断定方法

如果网络出现以下特征，则可以基本断定网络中存在嗅探器。

1. 网络通信掉包率反常

通过一些网络软件，用户可以看到信息包传送的情况(不是嗅探器)，向 ping 这样的命令会告诉用户掉了百分之几的包。当网络被监听时，由于嗅探器拦截每个包，因此信息包传送将无法每次都顺畅地流到用户的目的地。

2. 网络带宽出现反常

通过某些带宽控制器(通常是防火墙所带)，可以实时看到目前网络带宽的分布情况，如果某台机器长时间地占用了较大的带宽，那么这台机器就有可能在被监听。

(三)常见的嗅探对策

1. 及时打补丁

系统管理人员需要定时查询服务商或者网络安全站点，寻找最新漏洞公告，下载补丁、安全配置等内容，并采取建议的相应对策。

2. 本机监控

不同操作系统的计算机采用的检测工具不尽相同。大多数 Unix 系列操作系统使用 ifconfig 就可以发现网卡是否工作在混杂模式下。但是在许多时候，本地监控却并不可靠，因为黑客在使用嗅探器的同时，很可能种植了一个 ifconfig 的"代替品"，检查的结果自然会隐藏真实的情况。所以，通常还要结合其他更高级的工具，如 Tripwire、Lsof 等。

3. 监控本地局域网的数据帧

查找异常网络行为是较好的检测策略，因此系统管理员可以运行自己的嗅探器,监控网络中指定主机的DNS流量;使用分析计数器工具(如AntiSniff)测量当前网络的信息包延迟时间。

4. 对敏感数据加密

对敏感数据加密是安全的必要条件,其安全级别取决于加密算法的强度和密钥的强度。系统管理人员可以使用加密技术,防止使用明文传输信息。

5. 使用安全的拓扑结构

嗅探器无法穿过交换机、路由器、网桥,网络分段越细,安全程度越大。

迄今为止,并没有一个切实可行的方法可以一劳永逸地阻止嗅探器的安装或者防备其对系统的侵害。嗅探器往往是攻击者在侵入系统后使用的,用来收集有用的信息,因此,防止系统被突破是关键。系统管理员要定期对所管理的网络进行安全测试,防止安全隐患,同时由于许多攻击来自网络内部,因此要控制拥有相当权限的用户的数量。也就是说,跟踪服务商提供的软件补丁是远远不够的,系统管理员应该采取一切可行的方法去防止嗅探的侵入。例如,重新规划网络,监视网络性能,按时跟踪安全公告,并要非常了解相关工具的使用及其局限性。

二、缓冲区溢出攻击技术原理分析

(一)堆栈的结构和组成

堆栈是保存数据的相邻内存块。作用于堆栈上的操作主要有两个:Push,即在堆栈顶压入一个单元;Pop,即堆栈的大小减少且弹出堆栈顶一个单元。堆栈的特点是LIFO(Last In,First Out),即最后压入堆栈的对象最先被弹出堆栈。

一个被叫作SP(Stack Pointer,堆栈指针)的寄存器指向堆栈顶(底层数字的地址)。堆栈底层位于一个固定的地址,堆栈的大小在运行时被内核动态地调整。CPU执行指令压入和弹出。用SP的相对位移来访问局部变量和参数时,在某些情况下编译器不能够保持跟踪堆栈中的字数来修正位移量。而且在一些机器上,如Intel的处理器上,访问一个相对于SP的已知位移量的变量需要多条指令。因此为了方便,很多编译器还使用一个在帧内指向一个固定位置的堆栈指针FP(Frame Pointer),以便访问局部变量和参数,因为局部变量和参数相对FP的距离不会因为压栈和弹出而改变。对于Intel的CPU,用BP(EBP),即FP进行局部变量和参数的寻址。由于堆栈的增长方式是从高地址向低地址方向增长,因此访问实际参数需要相对于FP有正的偏移量,访问局部变量需要相对于FP有负的偏移量。

堆栈由逻辑栈帧组成，函数调用时压栈、返回时弹出。一个函数调用在堆栈中存放的数据和返回地址称为一个栈帧(Stack Frame)，包括函数的参数、返回地址、前栈帧指针和局部变量。

程序员用高级语言进行模块化编程的程序，会出现各种函数调用，这些函数调用被编译器编译为CALL语句。当CPU执行CALL语句时，先将函数调用带有的入口参数压入堆栈；再将IP变为调用函数的入口点，并将调用后的返回地址压入堆栈；然后将前栈帧指针压栈，以便函数调用退出时恢复前面的栈帧；而后将FP复制到SP来产生新的FP；最后SP向低地址方向移动，为局部变量留出空间。函数调用退出时，这个栈帧被清除，恢复前面的栈帧，程序继续执行。这就是函数调用开始的保护现场和调用结束后的恢复现场工作。

需要注意的是，内存是以字长的倍数来编址的，一个字是4个字节或32位。因此，5个字节将被分配8个字节(两个字)的内存空间，10个字节将被分配12个字节(三个字)的内存空间。

(二)缓冲区漏洞的利用

通过缓冲区溢出来改变在堆栈中存放的过程返回地址，从而改变整个程序的流程，使它转向任何攻击者想要它去的地方，这就为攻击者提供了可乘之机。攻击者利用堆栈溢出攻击最常见的方法是在长字符串中嵌入一段代码，并将函数的返回地址覆盖为这段代码的起始地址，这样当函数返回时，程序就转而开始执行这段攻击者自编的代码了。当然前提条件是在堆栈中可以执行代码。一般来说，这段代码都是执行一个Shell程序(如/bin/sh)，因此当攻击者入侵一个带有堆栈溢出缺陷且具有suid—root属性的程序时，攻击者会获得一个具有root权限的ShelL，这段代码一般被称为Shell Code。攻击者在要溢出的buffer前加入多条NOP指令的目的是增加猜测Shell Code起始地址的机会，几乎所有的处理器都支持NOP指令来执行null操作(NOP指令是一个任何事都不做的指令)，这通常被用来进行延时操作。攻击者利用NOP指令来填充要溢出的buffer的前部，如果返回地址能够指向这些NOP字符串中的任意一个，则最终将执行到攻击者的Shell Code。

由于在编写Shell Code时并不知道这段程序执行时在内存中具体的位置，因此需要使用一条额外的JMP和CALL指令。这两条指令编码使用的都是相对于IP的偏移地址而不是绝对地址，这就意味着可以跳到相对于目前IP的某一位置而无须知道这一位置在内存中的绝对地址。如果正好在字符串“/bin/sh”之前放CALL指令，而用JMP指令跳到CALL指令处，则当CALL指令执行时，字符串

“/bin/sh”的地址将作为返回地址被压入堆栈，然后将此地址拷入寄存器。只要计算好程序编码的字节长度，就可以使 JMP 指令跳转到 CALL 指令处执行，而 CALL 指令则指向 JMP 的下一条指令，这样就可以在运行时获得“/bin/sh”的绝对地址。通过这个地址加偏移的间接寻址方法，还可以很方便地存取 string，addr 和 null_addr。

三、DoS 攻击技术原理分析

(一)DoS 攻击的基本原理

DoS 攻击，其全称为 Denial of Service，即拒绝服务攻击。直观地说，就是攻击者过多地占用系统资源直到系统繁忙、超载而无法处理正常的工作，甚至导致被攻击的主机系统崩溃。攻击者的目的很明确，即通过攻击使系统无法继续为合法的用户提供服务。这种意图可能包括以下几点：①试图“淹没”某处网络，阻止合法的网络传输；②试图断开两台或两台以上计算机之间的连接，从而断开它们之间的服务通道；③试图阻止某个或某些用户访问一种服务；④试图断开对特定系统或个人的服务。

实际上，DoS 攻击早在 Internet 普及前就存在了。当时的拒绝服务攻击是针对单台计算机的，简单地说，就是攻击者利用攻击工具或病毒不断地占用计算机上有限的资源，如硬盘、内存和 CPU 等，直到系统资源耗尽而崩溃、死机。

随着 Internet 在整个计算机领域乃至整个社会中的地位越来越重要，针对 Internet 的 DoS 攻击再一次猖獗起来。它利用网络连接和传输时使用的 TCP/IP、UDP 等各种协议的漏洞，使用多种手段充斥和侵占系统的网络资源，造成系统网络阻塞而无法为合法的 Internet 用户进行服务。

(二)DoS 攻击模式与种类

DoS 攻击具有各种各样的攻击模式，是分别针对各种不同的服务而产生的。它对目标系统进行的攻击可以分为以下三类：消耗稀少的、有限的并且无法再生的系统资源；破坏或者更改系统的配置信息；对网络部件和设施进行物理破坏和修改。

当然，以消耗各种系统资源为目的的拒绝服务攻击是目前最主要的一种攻击方式。计算机和网络系统的运行使用的相关资源很多，例如，网络带宽、系统内存和硬盘空间、CPU 时钟、数据结构以及连接其他主机或 Internet 的网络通道等。针对类似的这些有限的资源，攻击者会使用各不相同的拒绝服务攻击形式以达到目的。

1. 针对网络连接的攻击

用 DoS 攻击来中断网络连通性的频率很高,目的是使网络上的主机或网络无法通信。一个典型的例子是 SYN Flood 攻击。在这种攻击中,攻击者启动一个与受害主机建立连接的进程,但却以一种无法完成这种连接的方式进行攻击。同时,受害主机保留了所需要的有限数量的数据结构结束这种连接,结果是合法的连接请求被拒绝。需要注意的是,这种攻击并不是靠攻击者消耗网络带宽,而是消耗建立一个连接所需要的内核数据结构。

2. 利用目标自身的资源攻击

攻击者也可以利用目标主机系统自身的资源发动攻击,导致目标系统瘫痪,通常有以下几种方式,其中 UDP 洪水攻击是这类攻击模型的典型。

①UDP 洪水攻击。攻击者通过伪造与某一主机的 Chargen 服务之间的一次 UDP 连接,回复地址指向开着响应服务的一台主机,伪造的 UDP 报文将生成在两台主机之间的足够多的无用数据流,而消耗掉它们之间所有可用的网络带宽。结果,被攻击网段的所有主机(包括这两台被利用的主机)之间的网络连接都会受到较严重的影响。

②LAND 攻击。LAND 攻击伪造源地址与目的地址相一致,同时源端口与目的端口也一致的 TCP SYN 数据报文,然后将其发送。

这样的 TCP 报文被目标系统接受后,将导致系统的某些 TCP 实现陷入循环的状态,系统不断地给自己发送 TCP SYN 报文,同时不断回复这些报文,从而消耗大量的 CPU 资源,最终造成系统崩溃。

③Finger Bomb 攻击。攻击者利用 Finger 的重定向功能发动攻击。一方面,攻击者可以很好地隐藏 Finger 的最初源地址,使被攻击者无法发现攻击源头;另一方面,目标系统将花费全部时间来处理重定向给自己的 Finger 请求,无法进行其他正常服务。

3. 消耗带宽攻击

攻击者通过在短时间内产生大量的指向目标系统的无用报文达到消耗其所有可用带宽的目的。一般情况下,攻击者大多会选择使用 ICMP Echo 作为淹没目标主机的无用报文。

①Ping Flooding 攻击。发动 Ping Flooding 攻击时,攻击者首先向目标主机发送不间断的 ICMP Echo Request(ICMP Echo 请求)报文,目标主机将对它们一一

响应，回复 ICMP Echo Reply(ICMP Echo 响应)报文。如果这样的请求和响应过程持续一段时间，那么无用的报文将大大减慢网络的运行速度，在极端情况下，被攻击的主机系统的网络通路会断开。

这种攻击方式需要攻击者自身的系统有快速发送大量数据报文的能力，而许多攻击的发起者并不局限在单一的主机上，他们往往使用多台主机或者多个不同网段同时发起这样的攻击，从而减轻攻击方的网络负担，也能达到更好的攻击效果。

②Smurf 和 Fraggle 攻击。Smurf 攻击伪造 ICMP Echo Request 报文的 IP 头部，将源地址伪造成目标主机的 IP 地址，并用广播(Broadcast)方式向具有大量主机的网段发送，利用网段的主机群对 ICMP Echo Request 报文放大回复，造成目标主机在短时间内收到大量 ICMP Echo Reply 报文，无法及时处理而最终导致网络阻塞。

这种攻击方式已经具有了目前最新的分布式拒绝服务攻击的“分布式”的特点，利用 Internet 上有安全漏洞的网段或机群对攻击进行放大，从而给被攻击者带来更严重的后果。要完全解决 Smurf 带来的网络阻塞，可能需要花很长时间。

Fraggle 攻击只是对 Smurf 攻击做了简单的修改，使用的是 UDP 应答消息而非 ICMP 报文。

4. 其他方式的资源消耗攻击

针对一些系统和网络协议内部存在的问题，也存在着相应的 DoS 攻击方式。这种方式一般通过某种网络传输手段致使系统内部出现问题而瘫痪。

①死亡之 Ping(Ping of Death)。由于早期阶段路由器对包的最大尺寸都有限制，许多操作系统对 TCP/IP 堆栈的实现在 ICMP 包上都是规定 64 KB，并且在对包的标题头进行读取之后，要根据该标题头里包含的信息来为有效载荷生成缓冲区。当攻击者在 ICMP Echo Request 请求数据包(Ping)之后附加非常多的信息，使数据包的尺寸超过 ICMP 上限，加载的尺寸超过 64 KB 时，接受方对产生畸形的数据包进行处理就会出现内存分配错误，导致 TCP/IP 堆栈崩溃，最终死机。

②泪滴(Tear Drop)攻击。泪滴攻击利用那些在 TCP/IP 堆栈实现中信任 IP 碎片中的包的标题头所包含的信息来实现自己的攻击。IP 分段含有指示该分段所包含的是原段的哪一段的信息，某些 TCP/IP(包括 service pack 4 以前的 NT)在收到含有重叠偏移的伪造分段时将崩溃。

此外，攻击者也可能意图消耗目标系统的其他可用资源。例如，在许多操作系统下，通常有一个有限数量的数据结构来管理进程信息，如进程标志号、进程表的入口和进程块信息等。攻击者可能用一段简单的用于不断地复制自身的程序来消耗这种有限的数据结构。即使进程控制表不会被填满，大量的进程和在这些进程间转换花费大量的时间也可能造成 CPU 资源的消耗。通过产生大量的电子邮件信息，或者在匿名区域或共享的网络存放大量的文件等手段，攻击者也可以消耗目标主机的硬盘空间。

许多站点对于一个多次登录失败的用户进行封锁，一般这样的登录次数被设置为三到五次。攻击者可以利用这种系统构架阻止合法的用户登录，甚至有时，root 或 administrator 这样的特权用户都可能成为类似攻击的目标。如果攻击者成功地使主机系统阻塞，并且阻止了系统管理员登录系统，那么系统将长时间处于无法服务的状态。

参考文献

[1]孙佳.网络安全大数据分析与实战[M].北京:机械工业出版社,2022.
[2]王智民.机器学习与大数据挖掘应用实践[M].北京:清华大学出版社,2022.
[3]吕俊杰,王元卓,鲁小凡.大数据环境下信息安全风险管理[M].北京:中国财富出版社,2022.
[4]张虹霞.计算机网络安全与管理实践[M].西安:西安电子科技大学出版社,2022.
[5]刘艳,王贝贝.网络安全[M].北京:中国铁道出版社,2022.05.
[6]罗森林,潘丽敏.大数据分析理论与技术[M].北京:北京理工大学出版社,2022.
[7]翟运开,李金林.大数据技术与管理决策[M].北京:机械工业出版社,2022.
[8]王瑞民.大数据安全技术与管理[M].北京:机械工业出版社,2021.
[9]宋俊苏.大数据时代下云计算安全体系及技术应用研究[M].长春:吉林科学技术出版社,2021.
[10]朱诗兵,吕登龙.大数据安全处理技术与应用大数据收集、存储与发布的安全与隐私保护[M].北京:兵器工业出版社,2021.
[11]徐君卿,翁正秋.数据大爆炸时代的网络安全与信息保护研究[M].北京:中国农业出版社,2021.
[12]魏莉,龚灿,龚德良.大数据环境下金融信息风险与安全管理研究[M].北京:北京出版社,2021.
[13]杨兴春,王刚,王方华.网络安全技术实践[M].成都:西南交通大学出版社,2021.
[14]赖清.网络安全基础[M].北京:中国铁道出版社,2021.
[15]丛佩丽,陈震.网络安全技术[M].北京:北京理工大学出版社,2021.
[16]马金强,张永平,田俊静.大数据与信息安全[M].北京:中国人民公安大学出版社,2020.
[17]尚涛,刘建伟.大数据系统安全技术实践[M].北京:电子工业出版社,2020.

[18]黄尚科.公共安全大数据技术与应用[M].北京:中国原子能出版社,2020.
[19]高群.大数据背景下信息安全管理研究[M].哈尔滨:东北林业大学出版社,2020.
[20]李美满.大数据时代计算机网络信息安全与防护研究[M].北京:九州出版社,2020.
[21]付媛媛,刘玉艳,秦长涛.大数据视角下信息安全技术研究[M].长春:东北师范大学出版社,2020.
[22]陶皖.大数据导论[M].西安:西安电子科技大学出版社,2020.
[23]黄源,董明,刘江苏.大数据技术与应用[M].北京:机械工业出版社,2020.
[24]张鹏涛,周瑜,李珊珊.大数据技术应用研究[M].成都:电子科技大学出版社,2020.
[25]龙曼丽.网络安全与信息处理研究[M].北京:北京工业大学出版社,2020.
[26]邵云蛟.计算机信息与网络安全技术[M].南京:河海大学出版社,2020.
[27]王学周,周鑫,卓然.计算机网络与安全[M].长春:吉林科学技术出版社,2020.
[28]赵克宝.计算机网络安全技术应用探究[M].长春:吉林出版集团股份有限公司,2020.
[29]林子雨.大数据技术原理与应用——概念、存储、处理、分析与应用(第3版)[M].北京:人民邮电出版社,2020.
[30]刘化君.大数据技术[M].北京:电子工业出版社,2019.